高层建筑与都市人居环境 11
Tall Buildings and Urban Habitat

高层建筑界的杰出女性

主编单位
世界高层建筑与都市人居学会（CTBUH）

同济大学 出版社
TONGJI UNIVERSITY PRESS

《高层建筑与都市人居环境》11

本辑内容基于英文版 *CTBUH Journal* 2017 年第 3 期。*CTBUH Journal* 是世界高层建筑与都市人居学会编辑出版的季度期刊

主编单位：世界高层建筑与都市人居学会（CTBUH）
协编单位：同济大学

主编
Daniel Safarik, CTBUH
dsafarik@ctbuh.org

副主编
Antony Wood, CTBUH/ 伊利诺伊理工大学 / 同济大学
awood@ctbuh.org
Steven Henry，CTBUH
shenry@ctbuh.org
Peng Du（杜鹏），CTBUH/ 伊利诺伊理工大学
pdu@ctbuh.org

CTBUH 中国办公室理事会
顾建平，上海中心大厦建设发展有限公司
李炳基，仲量联行
吴长福，同济大学
曾伟明，深圳平安金融中心建设发展有限公司
张俊杰，华东建筑设计研究总院
庄葵，悉地国际
Murilo Bonilha，联合技术研究中心（中国）
David Malott，CTBUH / KPF 建筑事务所
Antony Wood，CTBUH / 伊利诺伊理工大学 / 同济大学

CTBUH 专家同行审查委员会
所有出版在本辑中的论文都会经过国际专家委员会的同行审查。此委员会由 CTBUH 会员中多学科背景的专家组成，了解更多信息请访问：www.ctbuh.org/PeerReview.

翻译统筹：徐蜀辰
翻 译：王正丰 王琳静 刘春瑶 孙瑜蔓 杨梦溪 张亚菲
陈海粟 胡天宝 相欣奕 翁桐润

图书在版编目（CIP）数据
高层建筑与都市人居环境 . 11, 高层建筑界的杰出女性 / 世界高层建筑与都市人居学会主编 . —上海：同济大学出版社，2017.9
书名原文：CTBUH Journal 2017.3
ISBN 978-7-5608-7431-9
I. ①高… II. ①世… III. ①高层建筑 – 建筑设计 – 研究
IV. ① TU972
中国版本图书馆 CIP 数据核字（2017）第 242709 号

出版、发行
同济大学出版社（ www.tongjipress.com.cn ）
地址：上海市四平路 1239 号 邮编：200092
电话：021-65985622

发行总代理
上海贝图建筑书店
联系人：王占磊
电话：(021) 55570301
QQ：1216626548

广告总代理
同济大学《时代建筑》杂志编辑部
联系人：顾金华
电话：(021) 65793325, 13321801293

出 品 人：华春荣
责 任 编 辑：胡 毅
特 约 编 辑：徐蜀辰
责 任 校 对：徐春莲
装 帧 设 计：完 颖
装 帧 制 作：嵇海丰

经销：全国各地新华书店、建筑书店
印刷：上海安兴汇东纸业有限公司
开本：889mm×1194mm 1/16
印张：4
字数：128 000
版次：2017 年 9 月第 1 版第 1 次印刷
书号：ISBN 978-7-5608-7431-9
定价：39.00 元

前言

因为我们的执行理事长 Antony Wood 目前在欧洲，且要几周之后才能返回，所以很偶然又荣幸地由我来报告 CTBUH 当前活动的最新进展。看到这一期关注女性的特辑面世，令人欢欣鼓舞。性别公平问题终于在我们的行业中开始得到重视。与众多女性一样，作为一名具备资质的建筑师，我选择了一条从事"相关"职业的道路，我也经历了女性在这一行业中所面对的若干困难。正如许多传统的男性占主导地位的领域一样，为了与男性同行获得同样的尊重，本行业的女士们通常需要拥有更高的资质并且在岗位上更加努力工作，这样才能让人们对她们所作出的贡献有所关注。

根据《建筑评论》2016 年建筑界女性调查报告，建筑行业仅有 15% 的从业者完全认可"女建筑师的权威"。这样的事实使得女性在本领域从业愈发艰难。只有越来越多的女性在行业中参与、执业、发挥作用并产生领导力，人们的信任感以及态度才可能发生改变。我们的最终目标是，应当把我们当作一名同事和专业人士，基于工作和绩效进行评价，无需考虑性别、种族或者任何其他差异之处。

然而，我可以欣慰地说，作为加入 CTBUH 达 8 年之久的成员，也是 CTBUH 新发展阶段最早的成员之一，我非常高兴地见证了 CTBUH 的发展及其所努力实现的公平。正如你在这张照片中所看到的，CTBUH 的职员相当一部分是女性（三个办公机构中有 55% 是女性），而女性在管理团队中所占比例则达到了 50%。

女性在 CTBUH 员工中占比约 55%（拍摄于 CTBUH 芝加哥总部）

学会也正致力于达成其他方面的公平。在即将召开的 2017 澳大利亚年会上，我们力求实现迄今为止女性最强有力的展示，大约有 40% 的报告人和分会场主持人为女性。这有望成为行业发生转变的标志。我们热切希望，你也能加入其中！

恭祝万事如意！

Patti Thurmond

Patti Thurmond，CTBUH 运营经理

（翻译：相欣奕）

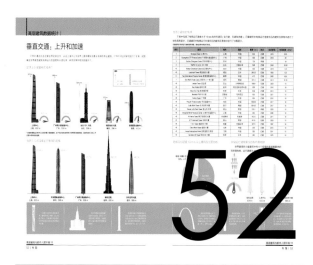

52

女性面临的一大挑战是,从历史上看,与建筑领域的其他行业相比,高层建筑业吸引并保留的女性建筑师人才比例相对较少,因为高层建筑设计的科学性强于艺术性。然而,过去几十年来,高层建筑行业中涌现出越来越多的女性设计师与技术领袖,她们的作品被社会广泛认可,从而使得女性在高层建筑业中的弱势地位得到了极大的改善。

Sara Beardsley,第 45 页

我很高兴地向大家推介这一特辑"高层建筑界的杰出女性",因为这一出版项目对我个人而言具有重要意义。首先向大家介绍本辑的若干背景:早在 2015 年 CTBUH 纽约分会对其专业发展进行规划之时,我们就有此打算。在 CTBUH2015 纽约年会期间,我们发现,女性参会者寥寥无几。我们意识到,"看不见的女性"不仅是建筑行业所存在的问题,也是同样存在于众多其他行业的问题。尽管如此,直面这一问题仍然令人吃惊不已,因为在青年专业委员会会议活动中,女性参会者及会议发言人所占比例已经接近 50%。

为了促进 CTBUH 的多样化程度,进而推动行业的多样化发展,我们与美国建筑师协会(AIA)纽约建筑行业女性委员会联合举办了一项活动,名为"方向:比例——塑造都市人居环境的女性",这是一项极富启发性的活动,对拥有不同观点和身份的项目和个人加以展示。提及行业的多样性,往往过分强调个人成就而忽略团队工作;然而在有些情况下,对于特定的个体却缺乏平等的考虑。

本辑以及启发本辑得以面世的上述活动,希望通过超越独特的女性身份概念来展示项目与人,从而帮助读者重新认识高层建筑和都市人居环境是如何被设计的。当今时代,政治局势混乱而不稳定,经济态势不断变化,环境与社会公正状况错综复杂,我们需要携手并肩,共同努力推动向前。我们应当让一切人才尽其所用。

对为本辑作出贡献并分享其经历的人,我们深表谢意。她们为我们分享了对于女性所面临巨大挑战的思考,以及各自在高层建筑行业所取得的巨大成功。在以下专题文章中,你可读到她们的观点:

"方向:比例——高层建筑业界的女性之声"(第 44 页),以及"10 栋重要的高层建筑及其背后的 10 位杰出女性"(第 12 页)诸多不为人知的故事,都在本辑的案例中以截然不同的方式呈现。本辑从头到尾都充满着富于思考的行业顶尖女性建筑师的观点,从建筑师 Jeanne Gang 的"论·高层建筑"(第 54 页),到风工程师 Melissa Burton 在"专家观点"中对于建筑摇摆这一令人不安现象的简洁解释(第 58 页)。

在"辩·高层建筑"之中(第 5 页),我们重点关注了在那些非常需要但是环境却格外敏感的地点修建高层建筑所存在的争辩——这一问题在多篇研究文章中都被提及,从新加坡到沙特阿拉伯都在寻求兼具社会适宜性和环境适宜性的解决方案。当然,就高层建筑的数据统计而言,CTBUH 拥有毋庸置疑的权威性,就建筑形式的研究而言,CTBUH 也享有盛誉。我们在"高层建筑数据统计"(第 52 页)中展示了最快最高的电梯,在"高层建筑伸臂桁架设计前沿"(第 20 页)中,见证了通过复杂先进的结构技术所实现的壮观的建筑形态与高度。多样性乃是高层建筑行业之核心与灵魂,我们期盼自此开始,能够设立一个崭新范例,希望女性建筑师与工程师在文章发表、学术会议以及日常活动与合作中的露面程度,与她们在本行业中实际所发挥的重要作用相对等。

希望本辑能够成为持续开展的对话中的一部分,而非此话题的"终结与定论"。希望您阅读愉快,更希望您能加入我们,共同创造平等、包容和创新驱动的行业未来!顺祝时祺!

Ilkay Can-Standard
CTBUH 纽约青年专业委员会联合主席,
GenX Design & Technology 创始人
(翻译:相欣奕)

新加入的企业会员
CTBUH 很荣幸地欢迎以下在 2017 年 4 月至 2017 年 6 月期间新加入的企业会员以及升级的会员:

顶级会员

AI.
AI., 纽约

汉京中心 HANKING CENTER
汉京中心, 深圳

SIEMENS
西门子建筑科技, 苏黎世

高级会员

INVESTA
Investa Office Management, 悉尼

UEM SUNRISE
UEM Sunrise, 吉隆坡

中级会员

上海中建海外发展有限公司
上海中建海外发展有限公司, 上海

CITYGROUP 城市组
城市组设计有限公司, 广州

Grocon
Grocon, 墨尔本

Larson Engineering
Larson Engineering, 芝加哥

NORR ARCHITECTS ENGINEERS PLANNERS
NORR Group Consultants International Limited, 迪拜

WME consultants
WME Engineering Consultants, 迪拜

普通会员

КОРПОРАЦИЯ **AEOH**
AEON, 莫斯科

Alfa Sustainable Projects
Alfa Sustainable Projects Limited., 特拉维夫

原 **C.Y. LEE & PARTNERS** ARCHITECTS / PLANNERS
李祖原联合建筑师事务所, 台北

FRASERS PROPERTY
Frasers Property, 悉尼

Lavenue Great style, great life
Lavenue Investment Corporation, 胡志明市

midtconsult rådgivende ingeniører
Midtconsult, 海宁(丹麦)

NUCOR-YAMATO STEEL
Nucor-Yamato Steel Company, 布莱斯维尔(美国阿肯色州)

optima
Optima, Inc., 格伦科 (美国伊利诺伊州)

P&A POSTORINO&ASSOCIATES ENGINEERING
P&A Engineering, 路易莎(美国肯塔基州)

Servicios Para La Construccion, S.A., San José
Servicios Para La Construccion, S.A., 圣何塞

SLR Consulting
SLR Consulting, 悉尼

SpaceFactory
Space Factory, 纽约

STUDOR INNOVATIVE TECHNOLOGY
Studor Australia, 帕拉玛塔

YKK AP
YKK AP Façade, 新加坡

学术机构

青岛理工大学, 青岛

SHENYANG JIANZHU UNIVERSITY
沈阳建筑大学, 沈阳

伦敦是否有必要成立天际线委员会

未来数年，伦敦将有数百栋 20 层以上的高楼拔地而起，一个名为"天际线运动"的非营利组织要求 Sadiq Khan 市长成立一个天际线委员会，作为其将于 2017 年末最终定稿的伦敦规划的一部分。CTBUH 杂志向伦敦两位知名的建筑师提出以下问题："是否应成立一个天际线委员会，作为伦敦新规划的一部分？"

支持

Barbara Weiss
Barbara Weiss 建筑师事务所董事长
"天际线运动"组织共同创立人

Boris Johnson 任职市长的 8 年里，伦敦这一为世人所深爱城市的天际线的连贯性遭到破坏。众多伦敦人感到愤怒，因为当他们抬头观看时，总是不可避免地看到 470 栋构思拙劣、质量不佳且面貌雷同的摩天大楼中的一栋或者多栋，这大大损害了伦敦城独特的历史景观与环境。

在建造高楼的热潮之中，我们看到了复杂的私人和公共利益根深蒂固、盘根错节，但究其本源，则在于对于经济利润毫无约束的追逐，根本未对城市与社会成本有任何合理考虑。

尽管奢华高楼是作为住房危机的"解决方案"而被出售，但实际上它们对解决住房危机贡献甚少甚至毫无作用，充其量不过是对经济紧张的地区提供临时性的支撑而已。这种做法，事实上成为为权宜当下而"变卖家产"的可堪列入教科书的案例。

我们的新市长 Sadiq Khan，看上去理解高层塔楼对伦敦所带来的负面影响，也体会到了伦敦人民看到他们所深爱的街区被永久毁坏而满溢的愤懑情绪。"天际线运动"组织非常乐于看到这种潮流正在发生转变，修建高层塔楼的申请渐渐减少，而 Khan 市长针对伦敦新规划开展了广泛的公众咨询，也正在为多个建筑和规划团队招募新的顾问。我们希望情况能够真正得到

改善，只有那些最棒的高层建筑才可得到批准，且必须建造在明显适宜的位置。

然而，让人难过的是，在当前的安排之下，政局的交替总会对伦敦如何发展起到决定性影响。由于规划体系存在的缺陷，短期的经济利益太容易超越根本而长期的对于城市品质的考虑。

是的，我们诚恳地盼望成立严肃且拥有最高水平的天际线委员会，由委员会独立又深思熟虑地为伦敦天际线之争作出贡献。当然，我们还需要确信，成立的天际线委员会应当能够证明他们不仅仅是充作门面做做样子而已。

反对

Karen Cook
PLP 建筑师事务所合伙人

伦敦的建筑，包含历史街区，也包括现代建筑，两者共存。伦敦城半城皆绿，这一点对其独有特征和社会稳定发挥着重要作用。

这主要是因为，伦敦现有许多诠释性的约束条件，可供政府对建成环境进行监控，同时可让开发活动就当前事宜做出良好回应。《伦敦景观视线管理框架》（the London View Management Framework）对教堂和国家纪念性古迹的视线进行保护，诸如圣保罗大教堂和威斯敏斯特宫。《河流眺望景观视线》（River Prospect Views）则对泰晤士河景观视线进行保护。保护区的相关规定则涵盖了大片的土地。

我们当今时代所面对的最大问题，关乎品质，而非形式。飞涨的地价，以及为创造良好生活品质所提供的就业空间和修建新家园所需的土地受到限制，两者之间存在巨大失衡，日益严重，超出控制。大伦敦政府（Greater London Authority，GLA）的数据显示，伦敦人口已经超出其在二战之前达到的高峰值，近十年来增加的人口达 100 万人之巨。伦敦市人口结构则朝着小型化家庭、单身和老年人口增多的方向变化，这使得供需矛盾愈发严重。

即便是不能步行上班，但每个人都希望本地的商铺和服务设施步行可达。包含公共空间在其中的高层建筑则为满足人们的此类需求提供了机会。还有许多尚待开发的地点，比如交通设施，采取更为密集的方式重新开发，可待为应对城市粮食缺乏的问题有所贡献。

伦敦规划主管部门所允许建成的高层建筑，必须确保能够经由提升密度而使得社区服务从中受益，并确保依赖现有基础设施进行开发。

新伦敦规划如何应对更多就业空间和更多住房的紧迫需求？伦敦需要的是权力下放，而非组建一个什么委员会，来解决日渐加重的压力。英国城市需要国家政府管理之外的更大的独立性，去编制其城市规划，鼓励居民对地方事务实施有效的应对。伦敦需要精心设计的高层建筑，从而成功地把伦敦城密度日渐增高的人口融合在一起，否则，伦敦将失去使其成为伟大城市的那些具有创造力和勤奋工作的市民。

（翻译：相欣奕）

美洲

墨西哥在 2017 年上半年的高层建筑活动急剧增长。大部分开发是在**墨西哥城**中，随着高楼沿着改革大道渐次崛起，其所构成的天际线也逐渐成型。最近，Richard Meier & Partners 建筑事务所宣布 Torres Cuarzo（图 1）已经 80% 完工，预计在 2017 年年底之前竣工。该项目包含同一裙楼上的两座塔楼，其中较高的塔楼为办公建筑，另一座则是酒店。

在**坎昆市**，扎哈·哈迪德建筑事务所向人们展示了名为 Alai 的六栋塔楼构成的居住综合体（图 2）的初步设计。此项目开发优先考虑的是周边生态（包含一个森林保护区、若干湿地和一个潟湖），全部土地仅用 7% 作为塔楼的总建筑占地面积。此外，所有结构都将共用一个架空平台，这样植物和野生生物就可在其下茁壮生长。

从坎昆市跨过墨西哥湾，**迈阿密市**近期有若干高层建筑落成或接近完工。Biscayne Beach 是一栋奢华的公寓建筑，主体已经建设完工，内部装饰即将完成，居民即将入住。这栋公寓楼拥有 391 套公寓，已售出 99%，预留了两套顶层公寓。

另一栋奢华公寓楼，名为 Aria on the Bay（图 3），由 Arquitectonica 操刀设计，近期封顶，预计将于 2018 年完工。最近的一个里程碑事件是，开发商宣布这栋 163 m 的高楼有 80% 的单元已经售出。如此高的售出率，原因在于购房者需支付的购买定金较少。因为此栋建筑的所有贷款都已全部付清，所以有这样的鼓励政策可供使用。

最令人瞩目的是，**全景大厦**（Panorama Tower）（图 4）也已封顶。这栋 252 m 的高楼，在其竣工之后，将成为其所在城市的最高建筑，比 2003 年竣工的四季酒店大厦（Four Seasons Hotel & Tower）高出 12 m。这一混合用途大厦预计年底之前将开始对外出租。

迈阿密天际线之中出现的这栋超过 250 m 的高楼极为醒目，但是如果与**纽约**进行比较就黯然失色了。在纽约遍布全城密集的高楼开发之中，有两栋崭新的超高层塔楼即将拔地而起。金融区 Broad 大街 **45 号**（图 5）的 340 m 高楼即将开始建设，其共有 205 套公寓，开发团队刚刚举办了破土动工典礼。

与此同时，**南大街 80 号**也获得了拆迁许可证，在此地点拟建设一栋超高层塔楼。与 Broad 大街 45 号的大厦相同，在此地点修建高楼的方案经过了多次反复。此地块当前业主于 2016 年 3 月取得了所有权，就其空间所有权而言，可在此建成 76 000 m² 的建筑面积。

公园大道 425 号的建设也在持续进行之中，这一 1950 年代建成的 118 m 高办公塔楼的改造项目由 Foster+Partners 设计。对这一过时建筑进行的是翻修而非拆除，改建而成的大厦将被拔高，遵照该城的建筑规范执行。完工之时，其高度预计将达到 258 m。

亚洲　大洋洲

全球新闻排在头条的莫过于 Kohn Pedersen Fox Associates (KPF) 所设计的**乐天**世界大厦（Lotte World Tower）（图 6）在韩国**首尔**的竣工，此项目工期达 6 年之久。

大厦呈圆锥形（且与周边环境相比极为高耸），这就使其从首尔的多山地形中脱颖而出。乐天世界大厦是一栋 555 m 的超高层建筑，被 CTBUH 认证为全球高度排名第五的建筑。

另一栋同样由 KPF 设计的高楼——**平安金融中心**（图 7）也不甘示弱，在**深圳**落成，成为 CTBUH 名单中全球排名第四的高楼，高度为 599 m。这栋高楼在深圳福田区中心位置拔地而起，在其地下层设置了交通枢纽，把它与广州城以及更为广阔的珠江三角洲地区紧密联系起来。

在中国的其他地区，**朝阳公园广场**（图 8）即将在**北京**落成，这栋由两座塔楼构成的商住综合体在与之同名的朝阳公园南缘崛起。项目占地 12 hm²，呈山石造型，设计受到了中国传统山水画的启发。两座塔楼分别高 120 m 和 108 m，由一个 17 m 高的玻璃中庭和过渡空间相连。

图 1	Torres Cuarzo, 墨西哥城 © Courtesy of Richard Meier & Partners Architects
图 2	Alai，坎昆 © Pulso Inmobiliario
图 3	Aria on the Bay，迈阿密 © Schwartz Media Strategies
图 4	全景大厦，不久前封顶，位于迈阿密 © Phillip Pessar (cc-by-sa)
图 5	Broad 大街 45 号，纽约 © CetraRuddy Architecture
图 6	乐天世界大厦，首尔 © Cyberdoomslayer (cc-by-sa)
图 7	平安金融中心，深圳 © Ping An Finance Center
图 8	朝阳公园广场，北京 来源：百度

> 每当建筑师得到一项建筑设计任务时，他们需要将其视作一个公众参与的机会。可能部分地面层，或者屋顶部分能够被设计为公共空间。

Claire Weisz，WXY Studio 负责人。摘自"建筑师与城市思想领袖谈公共领域设计"，*Architectural Record* 杂志，2017 年 4 月 1 日

在澳大利亚墨尔本，Elenberg Fraser 设计的 EQ 大厦（EQ Tower）（图 9）也已竣工，可为墨尔本中央商务区提供 633 套住宅。这栋 63 层高楼，包含多种高端设施并把节能设计纳入其中，诸如光电太阳能板和雨水收集系统。施工中采用了创新型的建筑立面安装工艺，从而提升了施工现场的安全性。

仅仅一街区之隔，有开发商正计划在**富兰克林大街 97 号**修建其所宣称的世界最高学生宿舍楼。尽管该项目当前透露的细节甚少，但预计 60 层高楼将包括 740 个学生床位，以及 146 套城市住宅单元，造价达 2.22 亿美元。

高度超出之前所列全部项目的大楼，则是位于**黄金海岸**的名为**帝国广场三期项目（Imperial Square Stage 3）**的超高层大厦。这栋 108 层大厦，开发商声称其将成为未来南半球最高建筑，除了其他功能之外，其中也具备学生住宿和教育设施等功能。作为帝国广场项目的一部分，

此栋大厦将确保墨尔本城市中心北部的 Southport 中心商务区的发展稳定而持续。

与此同时，学生宿舍高层建筑不断崛起，多所大学也正在把教学空间纳入高楼之中，西悉尼大学即在此之列。这一大学近日将其第一个垂直校园项目公之于众——位于**帕拉玛塔**的 14 层高的**彼得·谢尔高德大楼（Peter Shergold Building）**（图 10）。这栋大楼中还包括政府和跨国公司的办公空间，属于帕拉玛塔广场项目的第一期工程内容。

同样在悉尼，一家业主已经提交开发申请，拟对列入文化遗产的 AMP 大厦（图 11）进行翻新，这是澳大利亚第一栋摩天楼。AMP 大厦共 26 层，最早是由 PTW 建筑师事务所于 1962 年设计，目前由 Johnson Pilton Walker 负责其翻新设计，将对建筑外立面进行现代化改造，此外还列出若干其他翻新目标。

作为对亚洲和大洋洲新闻摘要的总结，最后列出一条法律新闻。菲律宾最高法院对**马尼拉**正在建设中的一栋具有争议的高楼做出了裁决。最高法院允许 Torre de Manila（图 12）继续施工。这是一栋 47 层高的住宅大楼，反对者认为其影响了国家英雄何塞·黎萨尔（Jose Rizal）纪念碑的景观。

欧洲

伦敦也时有高层建筑的法律纠纷出现，Rogers Stirk Harbour + Partners 建筑事务所设计的 NEO Bankside（图 13）的住户获取了一项法律命令，促使泰特现代美术馆 Switch House 大楼关闭部分观景平台。这一高层博物馆建筑的扩展部分，朝向 NEO Bankside 物业，招致业主投诉其隐私

权被侵犯。

随着伦敦市作为 21 世纪的商业中心而不断扩张，伦敦地方议会也需应对严峻挑战，从而在历史建筑众多的城市核心区提供充足的居住和办公空间。为了达到这一目的，威斯敏斯特地方议会寻求公众对新规划目标的支持，从而为应对本区域预计增加的人口而加大开发强度。毫无疑问，此规划得到了来自伦敦历史遗产保护组织的反对，为最终的对决埋下了伏笔。

随着争辩的持续进行，在寻求规划批准以降低建筑高度从而满足航空法规的要求之后，开发商宣布 PLP 所设计的**主教门大街 22 号大楼（22 Bishopsgate）**（图 14）将坚持其最初的 62 层的建筑高度。项目团队随后确定，他们能够按照最初计划的高度完成建设，同时确保不会带来任何问题。

与此同时，较为远离伦敦市中心的位置，最终的模块化部件已被添加到 Apex House（图 15）之上，这是全欧洲最高的模块式塔楼。延续前述之趋势，这栋塔楼将为学生提供 580 间宿舍，同时还配有公共设施，包括电影院和庭院。此栋建筑的 679 个模块是在贝德福德生产制作的，位于建筑坐落地点西北 75 km 距离处。

在**曼彻斯特**市，拟在地标建筑中央车站附近修建一栋 40 层的高层住宅。中央车站早在 1986 年即被转型为会议场地。尽管拟建建筑的设计致力于把 1880 年建造的中央车站重新融入更大的公共领域，并破解空间联系不足的问题，但是遗产保护主义者们已经基于其会影响历史建筑景观的理由对此表示了反对。

在欧洲大陆，多项设计竞赛，也向人们揭示了在不同地区、不同文化背景和不同气候条件之下修建高层建筑的可能性，这些竞赛的成果通常会形成具体方案。在丹麦的**奥胡斯**，开发商宣布由竞赛的获胜

> 世界之未来，取决于我们的城市之未来。也就是说，我们需要投入更多时间以解决城市问题，从而利用城市的一切潜在可能。

梁振英博士，新加坡建屋发展局局长，2016 年 CTBUH Lynn Beedle 奖获奖之后接受 *Urban Land* 的访谈，2017 年 2 月

者来对港湾重新开发的居住综合体进行设计。获胜设计方案名为 Aarhus Ø（图16），为这一 2014 年提出的项目注入了活力。方案特征在于"楼梯式的摩天大楼"，带有阶地公园。

在与丹麦相邻的瑞典，一家建筑公司在**韦斯特罗斯**（Västerås）设计了一个竞赛获奖的木材 - 混凝土混合结构建筑方案。这一崭新的高层住宅方案，具有椭圆形的建筑平面，共 22 层。建筑下部的 15 层采用混凝土结构，而其上的 7 层则采用木质框架。整个建筑结构外立面将采用天然木材包覆。

另外，一个英国设计团队在比利时**安特卫普**的一栋 25 层混合功能塔楼的设计竞赛中获胜。这栋大楼名为 Striga 3，兼具居住和办公功能，将在安特卫普总体规划中 Nieuw Zuid 城市扩展区中心拔地而起。这一建筑设计因其厚重的墙砖立面，以及与规划的集市广场和主林荫大道之间的紧密联系而中选。

尽管迪拜高楼新建势头略减，但其持续在所在地区位居前沿，若干施工之中的高楼开发项目达成了建设的里程碑。随着巨大的多层天桥完工，建设中的 Address Residences Sky View（图17）项目两栋塔楼成功相连。天桥共计 3 层，长度为 85 m，宽度为 30 m，重约 4 500 t，这也就意味着，把这一结构抬升并连接到 SOM 所设计的大楼之上，堪称非凡的建造创举。

The Opus（图18）的建设也在持续进行，这是扎哈·哈迪德建筑事务所在迪拜的第一个设计项目。建筑的外部覆层现已完工，鉴于此建筑具有的波浪形设计，

外部覆层的完工算是一个重大里程碑事件。因为许多玻璃嵌板在两个方向上呈现独特的曲线，安装过程比常规情况复杂许多。其内部装饰仍在进行，预计这个酒店将于 2018 年夏季开业。

迪拜**河港塔**（The Tower at Dubai Creek Harbour）（图19）的基础工程已经完工，待其竣工之时，将成为迪拜最高建筑。其基础经过测试可承载负荷超过 36 000 t，具有 145 个壁板桩。地面以下工程完工之后，高楼即将拔地而起，并会以极快速度建造，从而确保在迪拜 2020 年世博会之前完工。

另外一个重大建设项目，Meydan One Complex，尽管无法在世博会之前完工，但也已经在破土动工典礼之后正式开启了第一期开发。作为这一大型综合项目的一部分，Dubai One 即将成为全球有史以来所建造的最高建筑之一，其高度为 711 m，主要规划为住宅功能。

除此之外，**棕榈门**（The Palm Gateway）（图20）的建筑合同也已经签订。这是由三栋塔楼组成的居住综合体，位于朱美拉棕榈岛的门户位置。合同总价 4.08 亿美元，将于 2020 年建成，三栋塔楼高度在 205~285 m 之间。

同样，沿谢赫扎耶德路而建的 Al Wasl Tower 也已经确定了承建商。这栋高楼与迪拜购物中心相对而立。Al Wasl Tower 共 63 层，楼高 300 m，其中包含办公、服务公寓、一间酒店，以及一系列垂直花园。这栋建筑预计也将在 2020 年之前完

工，计划与迪拜多个项目共同在世博会之前建成。建设合同金额约为 4 亿美元。

中国与摩洛哥合资在摩洛哥首都**拉巴特**修建**摩洛哥外贸银行大厦**（BMCE Tower）的建设合同已经签订。这栋 45 层高楼，设计为混合功能，包含办公、酒店、住宅，将成为由阿特金斯设计的总体规划区中的地标建筑。大楼高 250 m，将成为非洲有史以来建造的最高建筑。但是，按照其当前建设速度来看，非洲另一栋拟建建筑可能会超越它。

最后的新闻是，在沙特阿拉伯的**吉达**，**吉达塔**（Jeddah Tower）（图21）目前已经修建了 250m，仅占其最终 1 000 m 高度的四分之一，建成之后将成为全球最高建筑。尽管此项目竣工时间延后，但其开发商宣布，Adrian Smith + Gordon Gill Architecture **建筑事务所**设计的这一项目及其周边完成总体规划的城市，将通过其第一阶段开发创造出大约 30 000 个工作岗位。■

（翻译：相欣奕）

图16　Aarhus Ø，奥胡斯
　　　© Bjarke Ingels Group
图18　The Opus，迪拜
　　　© Zaha Hadid Architects
图19　迪拜河港塔，迪拜
　　　© Santiago Calatrava Architects & Engineers
图20　棕榈门，迪拜
　　　© Nakheel
图21　吉达塔，吉达
　　　© JEC

http://news.ctbuh.org

获得更多全球高层建筑、城市开发以及可持续建设的最新资讯，请访问 CTBUH 每日更新的网上资源
订阅 CTBUH RSS 新闻，请访问全球新闻档案

10 栋非凡高层建筑及其背后的
10 位杰出女性

最近建筑界越发意识到，长期以来，行业内的女性群体一直没有受到充分代表。这不仅是对于领导职位来说，还有对于女性作出成绩后所获得的荣誉而言。高层建筑界涉及诸多领域，从建造到工程，每个环节都有相似之处，但是从以往记录与关注点上来看也存在细微差别。下面的案例分析选取了 10 栋高楼，强调了其背后对应的女性领导角色——有些人们意识到了有些则没有——正是她们造就了这些伟大的作品。

关键词：性别平等，建筑，工程，建造，城市规划

下面的这些项目与相关的人物不意味着这一主题的定论，它只意味着一个行业内与行业之上的一个持续对话的开始。我们希望它能够被证明为兼具启发性与信息性。

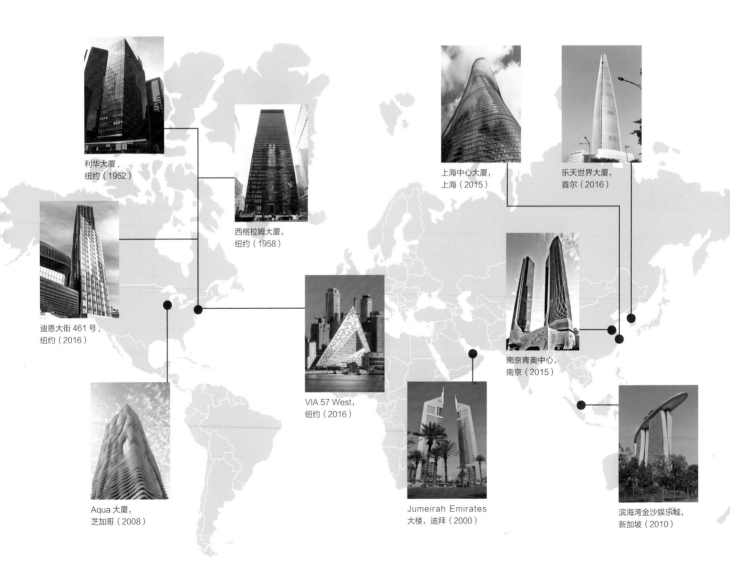

利华大厦，
纽约（1952）

西格拉姆大厦，
纽约（1958）

迪恩大街 461 号，
纽约（2016）

Aqua 大厦，
芝加哥（2008）

VIA 57 West，
纽约（2016）

Jumeirah Emirates
大楼，迪拜（2000）

上海中心大厦，
上海（2015）

乐天世界大厦，
首尔（2016）

南京青奥中心，
南京（2015）

滨海湾金沙娱乐城，
新加坡（2010）

利华大厦（Lever House），纽约（1952）

利华大厦是英国肥皂公司利华兄弟的总部大楼，它被认为是国际主义／现代主义风格中影响深远的高层建筑作品之一。它是当时美国建筑领域的分水岭，是纽约摩天楼中最早打破"婚礼蛋糕"模式的建筑之一。"婚礼蛋糕"式的建筑造型严格遵从纽约市于 1916 年颁布的区划法，该法规旨在避免高层建筑剥夺街道采光。通过建筑体量交界的方式，只占用地块面积不到 25% 的塔楼让利华大厦避免了蛋糕造型，而采用了垂直厚板的形态。这是继联合国秘书处大楼后第二座装配玻璃幕墙的建筑。其蓝绿色的隔热玻璃幕墙是当时的革命性产物，到今天其优雅的广场与一层空间仍饱受赞誉。1982 年，纽约市地标保护委员会将利华大厦认定为官方地标。

Natalie de Blois，设计总协调，Skidmore Owings and Merrill(SOM)，纽约

Natalie de Blois 在利华大厦以及 SOM 公司其他一些现代主义建筑的设计中扮演了重要角色。这些建筑包括：Union Carbide(现在的摩根大通大厦) 和芝加哥的 Equitable Building。但她的角色在当时很少被提及，功绩都归属给了戈登·邦夏（Gordon Bunshaft）和其他男性。"Natalie 与戈登·邦夏是一个团队，"Beverly Wills 建筑基金会创始人 Beverly Wills 表示。"他获得了所有荣誉，而她完成了所有工作"。(Dunlap，2013) 直到后来，在 SOM 最初的三名合伙人之一的 Nathaniel A. Owings 的自传《夹缝空间：一位建筑师的旅程》(The Spaces in Between: An Architect's Journey) 中，她的工作才获得了承认。Owings 写道："她用智慧与汗水缔造出一个个设计奇迹——只有她和上帝才知道她究竟带来了多少伟大的解决方案，而成绩都算在了那些 SOM 所谓的男英雄的头上，其实它们更多地应该归属于她，而不是 SOM 或是客户。"

利华大厦，纽约 © David Shankbone (cc-by-sa)

西格拉姆大厦（The Seagram Building），纽约（1958）

西格拉姆大厦被认为是国际主义高层建筑中的巅峰，它进一步完善了利华大厦的创新，其标志性的镀青铜钢窗格贯穿于整个建筑当中，这一做法很好地表达了其内部结构。它是第一座采用高强度螺栓连接，结合支撑框架与刚接框架，并采用钢筋混凝土横向框架的高楼。由于能够最大化楼层使用面积，这种均一性的设计受到了写字楼业主与开发商的欢迎。它也成为世界各地不计其数的类似建筑的灵感来源 (Lambert，2013)。

Phyllis Lambert，业主代表，西格拉姆公司，纽约

Phyllis Lambert 是西格拉姆酿酒公司所有者 Samuel Bronfman 之女。她在促成密斯·凡·德罗（Ludwig Mies van der Rohe）和菲利普·约翰逊 (Phillip Johnson) 来设计西格拉姆大厦的问题上扮演了不可替代的角色。Bronfman 原先打算委托 Emery Roth & Sons 来设计，但是 Lambert 出面进行了干涉，时年 27 岁的她就读于伊利诺伊理工大学，之前已经了解了该校的建筑系主任密斯。她的事业致力于支持更好的城市设计，在她的家乡加拿大蒙特利尔，她参与了多次针对不明智建设项目的抗议活动。她后来成立了加拿大建筑中心，那里成为收藏世界上最重要的建筑图纸的场所之一。

西格拉姆大厦，纽约 © Antony Wood

Jumeirah Emirates 大楼，迪拜 © Jackardsiffant (cc-by-sa)

Jumeirah Emirates 大楼（Jumeirah Emirates Towers），迪拜（2000）

作为世界上最具特色的双子塔之一和迪拜金融中心谢赫扎耶德路上第一批摩天楼的 Jumeirah Emirates 大楼，它的出现标志着那里开始拥有了蓬勃的建设活力。美丽的园林景观将其包围，葱郁的植被与蜿蜒的小径在周围枯燥的硬质景观间带来一片绿意。

地上的三层裙楼是大楼屹立的基石，里面拥有包含时装店、餐厅和咖啡屋的商业空间。底座的曲线平面同垂直构架的大楼梯相互交错。瘦高的大楼表面是银色的铝板和或银或铜色的反射玻璃，它们于白天捕获着不断变化的日光，在夜晚则对城市的灯光产生了增强效果。大楼两边环绕着低层停车楼，其造型宛若城市周围的沙丘。

Hazel Wong，建筑师，NORR 集团（完工时）/ 执行总监，WSW Architects（现在），迪拜

Hazel Wong 在时任 NORR 集团建筑师的时候设计了 Emirates 大楼，引领了一批大规模建造的繁荣。355m 高的 1 号楼是由女性建筑师设计的最高建筑物。当时迪拜除了世贸中心外基本没有什么其他高楼。Wong 表示她在设计这两栋楼时的关键目标就是让双塔在不同角度、不同时间的观察下，呈现出不一样的外观。"总体上设计演绎出一种宁静的优雅，塑造出一种脱俗而又恒久的建筑形象，这正是我力图在我的每一个设计中达到的品质。" Wong 说道。Wong 获得了麻省理工学院的建筑学高级研究硕士和卡尔顿大学的建筑学学士学位。2000 年她成立了自己在迪拜的建筑工程公司 WSW Architects。

Aqua 大厦（Aqua Tower），芝加哥（2008）

Aqua 大厦是芝加哥湖滨东区的创新型住宅与酒店大楼。虽然它采用传统的长方形平面，但其波状的混凝土阳台却十分有个性，每一层与户型连接的阳台都独一无二。这不仅带来了美学上的趣味，还缔造出阳台到阳台的跨楼层视线联系，继而增强了租户间的社交互动。阳台还削弱了作用于大楼的风力，从而使大楼不再需要额外的阻尼系统，不仅节约了宝贵的面积，还降低了工程造价。

Aqua 大厦，芝加哥 © Hedrich Blessing

Jeanne Gang，创始负责人，Studio Gang Architects，芝加哥

麦克阿瑟奖得主 Jeanne Gang，因其设计过程强调个体、公共和环境之间的关系而闻名世界。她将眼光倾注于生态系统，其分析与创造过程衍生出当今最具创新性的项目，包括 Aqua 大厦，Solstice on the Park 和城市海德公园（City Hyde Park）。这些项目都位于芝加哥。Gang 参与了美国和欧洲的多个重要项目，包括纽约、旧金山、多伦多和阿姆斯特丹的摩天楼（参见 P54 "论·高层建筑"）。Gang 是 2013 年库珀·休伊特（Cooper-Hewitt）（史密森设计博物馆）颁发的国家设计奖得主，她亦被《建筑评论》杂志评为 2016 年度杰出建筑师。Gang 最近正在设计 Vista Tower，这座大楼在 2020 年完工后将成为芝加哥第三高楼。

滨海湾金沙娱乐城（Marina Bay Sands），新加坡（2010）

滨海湾金沙娱乐城是一座高密集型多功能娱乐城，内有 2 560 间酒店客房，还有空中花园、会议中心、购物与餐饮场所、剧院、博物馆和赌场。它坐落于新加坡中心商务区的水湾之上。这片 929 000m² 的城市特区紧系新加坡水岸，成为新加坡的大门。大楼采用的设计方法不是在设计一栋建筑，而是在设计一个微型城市——它根植于新加坡的文化、气候以及当代生活。它的目标是要创建一个都市景观，能够彰显出超大型尺度。

该项目将综合性的功能植入在一个充满活力的城市枢纽与公共社交空间当中，实现了一个城市结构。室内外空间巧妙结合，观景台提供了丰富的活动。这个生气勃勃的 21 世纪的列柱大街，或者说大游乐场，与地铁和其他交通方式相连。一系列的台地花园为场地带来茂密的植被，将滨海城公园的热带花园景色一直延伸到了水湾。景观网增强了娱乐城周边的城市连接，而这里的每一层都拥有通向公共区的绿色场地。

滨海湾金沙娱乐城的空中花园拥有公共观景台、花园、151 m 长的泳池，以及餐厅，还有慢跑小径。这里可为游客带来一览无遗的全景视野，这对于新加坡这样的高密度城市来说实属珍贵。能遮风避雨，慷慨种植着数百株树木的空中花园歌颂着新加坡花园城市的理念，这一理念早已融入新加坡设计策略的血脉。

滨海湾金沙娱乐城，新加坡 © Timothy Hursley

梁振英（Cheong Koon Hean），CEO，新加坡市区重建局（URA）（前任）/ 建屋发展局（HDB）（现任），新加坡 /2016 CTBUH Lynn S. Beedle 终身成就奖得主

梁振英博士是一位建筑师和规划师，对新加坡的城市景观建设作出了巨大贡献。从 2004 年到 2010 年，作为市区重建局的 CEO，她领导了新加坡的长期战略规划。尤为重要的是，她是新加坡新城延伸项目滨海湾金沙娱乐城的主力推手，该项目至今已成为新加坡的新名片。作为优秀设计的强有力推动者，她发起了城市设计与建筑卓越计划，促进了许多高质量的高层建筑的开发，将新加坡变成了全亚洲最宜居最美丽的城市之一。

2010 年梁振英博士被任命为新加坡建屋发展局（HDB）的 CEO。自加入 HDB 以来，Cheong 博士一直领导着其组织，去打造设计精良、社区围绕、可持续的智慧城镇，并监督着 HDB 最大规模的建筑项目。

> 梁振英博士是新加坡市区延伸项目滨海湾金沙娱乐城的主力推手，该项目现已成为新加坡的新名片。

上海中心大厦，上海　© Gensler

李晓梅，Gensler 建筑设计事务所副总裁、执行总监、董事

李晓梅有着 20 余年在建筑领域的从业经历，在中国乃至亚洲成功领导了多项综合性的创新开发项目。她的作品涵盖范围极广，包含了超高层建筑、文化设施、景区、写字楼、零售与混合功能中心及住宅开发等多个领域。李晓梅作为 Gensler 上海办公室的总监，正带领企业在全中国进行超高层建筑实践。

李晓梅最大的成就之一是她担任上海中心大厦项目总监期间的工作——这座高 632 m 的大厦于 2015 年竣工，竣工时是中国最高的建筑。该项目的复杂性与面临的挑战进一步展现了李晓梅对于跨学科专家团队的管理能力，其间需兼顾建筑学、可持续性、设计、品牌与执行力等多个方面，同时也要考虑预算限制与项目工期。李晓梅参与的其他高层建筑项目还有：21 世纪中心大厦（200 m）、厦门世茂海峡大厦（300 m）、南宁财富大厦（400 m）及宝矿洲际商务中心（180 m）。

> 李晓梅作为中国第一高楼——上海中心大厦的项目总监，面对该项目的复杂性与面临的挑战，兼顾了建筑学、可持续性、设计、品牌与执行力、预算限制、项目工期等多个方面，展现了对于跨学科专家团队的卓越管理能力。

上海中心大厦（Shanghai Tower），上海（2015）

作为上海新兴的陆家嘴金融贸易区核心地带的第三座地标性建筑，上海中心大厦代表了高层建筑的新类型。该建筑毗邻金茂大厦和上海环球金融中心，塑造了新的天际线，其曲线型的立面与旋转上升的造型表现了当代中国的蓬勃活力。建筑的扭转造型除了创造出其独特的外观，相比同高度的方形建筑更是减少了建筑 24% 的风荷载。

上海中心大厦不仅是一座地标性建筑，这一混合功能的塔楼还展现了垂直城市的可持续生活方式——整座建筑独特地融合了餐厅、商店、办公室、酒店等多种空间。建筑在垂直方向上分为 9 个区，每个区共享一个空中大堂——自然采光的"花园中庭"。这一空间塑造了社区感，为租户与访客提供了多样化的日常生活。空中大堂如同传统的城市广场，为人们提供了聚集的空间。这些公共空间也使人联想到城市中颇具历史的庭园，它们通过景观布局使室内外空间相融合。

上海中心大厦是全球最领先的可持续性高层建筑之一，其设计核心是包覆整栋建筑的双层透明表皮。大厦通过调节中庭空间的温度达到通风的目的，同时节约了能源。这些空间形成了内外空间的缓冲层，使冬季寒冷的室外空气预热，也使夏季灼热的室外空气预冷。建筑还应用了三联供系统和中水/雨水处理系统，并利用多种可再生能源。

南京青奥中心，南京（2015）

南京青奥中心是南京青奥轴线以及滨江风光带上重要的景观节点和标志性建筑物。这座 314.5m 高的大楼是由女性领导的建筑事务所设计的最高建筑。并排屹立的双塔同享一个裙楼，裙楼中包含了大型会议中心和音乐厅。中心自 2014 年 8 月南京青奥会召开之日投入使用。会议中心的室内被刻画出流动与光线的主题，大小不一的钻石状开洞贯穿整个空间。

设计理念也延续到了建筑外部。外墙由玻璃幕墙板、玻璃纤维增强混凝土（GFRC）和穿孔铝板交织而成。整个立面还拥有或大或小的钻石状开孔，它与底部会议中心的墙体图案保持了延续和统一。流动的设计也反映在双塔的外立面上，较低楼层的白色波浪织网渐变为竖直向上的线条，直冠塔顶。数以百万计的 LED 灯嵌在外立面，在夜晚，双塔灯光闪烁，为南京滨江带增添了别致风采。

南京青奥中心，南京 © Marco Belcastro

扎哈·哈迪德，创始人，扎哈·哈迪德建筑事务所，伦敦

扎哈于 2004 年获得普利兹克建筑奖（Pritzker Architecture Prize），成为荣获此奖项的首位女性得主，她还于 2010 年和 2011 年获得了斯特林奖（Stirling Prize）。其参数化建模与曲线优化的实验形成了一种可一眼识别的风格，反映在不同尺度的作品中，小到配饰，大到恢弘的建筑；她对细节与精准度的关注使得建成后的作品保持了图纸所呈现出的那般惊艳。她于 2016 年去世前已无可争辩地成为世界上最著名的建筑师之一。除了南京青奥中心，它的高层建筑作品成就还包括入围 CTBUH2014 亚洲与大洋洲最佳高层建筑决赛名单的香港理工大学赛马会创新楼，北京的望京 SOHO 和银河 SOHO，还有正在施工中的迈阿密 One Thousand 博物馆。现在，由她创立和命名的扎哈·哈迪德建筑事务所仍在继续打造着世界范围的重量级项目。

迪恩大街 461 号，纽约 © Mark Touhey

迪恩大街 461 号（461 Dean Street），纽约（2016）

迪恩大街 461 号是模块化设计的突破之作，大楼由 930 个工地外（布鲁克林海军船坞）制造的钢制模块组装完成。这一新颖的方式降低了施工阶段的环境影响，为实现建筑全生命周期的可持续性带来了创新方法。基础楼板被拆分成为不同的模块，它们可被高效生产并进行系统装配，并能在运送到现场前完成装修。最大的楼板在每层拥有 36 个模块，它们均沿着中央走廊侧边进行排布。不同高度上的建筑体量变化，以及不同户型对宽度变化的要求，催生出 225 种独特的模块结构类型。因管道与幕墙的布置，930 个模块中的大部分都被塑造成特异的类型。该项目与其说是一种特殊模块的设计，不如说它是一种可以堆叠出巨型尺度的开发过程；批量定制而非批量生产。每个模块尽管在细节与建造方法上是一致的，但还是按照其自身设计进行了特别的制造（Farnsworth, 2014）。

MaryAnne Gilmartin，CEO，森林城瑞特那公司，纽约

Gilmartin 是纽约最备受瞩目的一些地产项目的开发负责人，其中就包括布鲁克林太平洋公园，世界上最高的模块化建筑迪恩大街 461 号就是它的子项目；其他项目还包括纽约时报大厦（The New York Times Building）和盖瑞大厦（New York by Gehry）。除此之外，她还在布鲁克林下城区的 MetroTech 中心管理着一些商业开发项目。

VIA 57 West，纽约（2016）

CTBUH 2016 美洲地区最佳高层建筑奖冠军得主 VIA 57 West 大楼是一个充满着宏伟目标的全新类型的高层建筑。它是由 Bjarke Ingels Group (BIG) 建筑事务所发明的"庭院摩天楼"，糅合了欧洲围合式街区与曼哈顿的传统高层建筑，集二者之长的它既拥有经典庭院的紧凑、密度与亲切性，又兼具摩天楼宏伟、通风良好、视野广阔的优点。

其非典型式的布局不仅带来了视觉上的震撼，还直接地回应了场地带来的设计挑战。大楼由于单独抬高了东北侧的一个角而让其他三个角保持低位，庭院获得了朝向哈德逊河的视野，西侧较弱的阳光也能照进大楼，还亲切地保持了旁边高楼的观河视线。

针对与纽约高层住宅楼相伴的传统挑战，VIA 57 WEST 大楼的独特体量为之带来了新的解决办法。该项目成功通过再分区创造数百个住宅单元之后，人们需要再度审视曼哈顿那些随处可见的典型的大尺度"婚礼蛋糕"式的住宅，这些典型的住宅大楼无法同时提供阳台、阳光、清新空气或充足的户外空间，而 VIA 57 WEST 竟可以在被发电厂、卫生设施、熙攘的高速公路和其他住宅楼包围限制的这样一个颇具挑战性的场地内实现上述所有功能。

创造性的布局，独一无二的公共便利设施，一系列经验证有效的绿色策略，它们整合在一起，带来了一个能把独特的摩天楼未来愿景照进现实的建筑；它不仅兼具超高质量与视觉引爆力，还在不牺牲环境表现或住宅质量的前提下满足了客户要求。

VIA 5 7 WEST，纽约 © BIG

Aine Brazil，副总裁，Thornton Tomasetti，纽约

Aine Brazil 负责过许多类型项目的设计与建造，其中包括高层办公楼、住宅楼、酒店、带有大跨度交通系统的上空使用权项目、医院和车库等。

在 VIA 57 WEST 项目中，Brazil 成功应对了形式导向的挑战，开发出结构简化的策略，包括使用参数化设计工具快速计算不断变化的造型的荷载。

Brazil 还领导结构工程团队完成了时代广场超过 278 709 m² （3 000 000 ft²）的高层写字楼的开发。其他的著名项目还包括纽约医院沿 FDR 高速公路的扩建项目，以及 60 层的 Lexington 大道 731 号。

SawTeen See 是高层结构设计界的先锋，她领导结构工程团队完成了乐天世界大厦这座位于首尔的世界第五高楼（555 m）的建造。

乐天世界大厦（Lotte World Tower），首尔（2016）

555 m 高的乐天世界大厦在2017年6月时成为世界第五高楼。其内部许多室内空间的设计受到了韩国传统艺术形式的启发，时尚的锥体外形雄踞在首尔岩石广布的多山地貌之上。它所包含的功能远比一般的高楼要多，内含住宅、办公、7星级奢华酒店和适合小公司的出租办公空间。大楼的顶部10层是可供大众享用的娱乐设施，其中包括观景台和屋顶咖啡厅。

大楼的现代美学设计融合了韩国的传统文化，如陶瓷与书法，其自上而下的裂开之势指向旧城中心。设计的首要目标之一是塑造优雅之姿，并实现股东为首都天际线敬献一处美丽纪念碑之愿。室外幕墙是由浅色调的银色玻璃组成，精致的白色上漆金属将其勾勒。

乐天世界大厦的设计与施工是与其10层的裙楼同时完成的，裙楼拥有与其竖向塔身同样的面积，如此垂直密度与水平密度相联系，互补利用的范围由此增加。大厦和裙楼这两个主体建筑间通过多个楼层的室内走廊和充满活力的户外公共空间实现互连。事实上，激活大厦与其邻近建筑物的最有效的做法就是户外广场，它形成了一个促进视线联通与行人穿越的小尺度的"户外房间"。

参考文献

DUNLAP D. 2013. An Architect Whose Work Stood Out, Even if She Did Not [N]. New York Times, 2013-07-31. http://www.nytimes.com/2013/08/01/nyregion/an-architect-whose-work-stood-out-even-if-she-didnt.html?_r=0.

FARNSWORTH D. 2014. Modular Tall Building Design at Atlantic Yards B2[C]// Future Cities: Towards Sustainable Vertical Urbanism – 2014 Shanghai Conference Proceedings: 492–499.

Lambert P. Building Seagram[M]. New Haven: Yale University Press, 2013.

SawTeen See，管理合伙人，Leslie E. Robertson Associates，纽约

SawTeen See 是高层结构设计界的先锋，领导结构工程团队完成了乐天世界大厦这座位于首尔的世界第五高楼（555 m）的建造。她还正在打破自己的记录，打造位于吉隆坡的 630m 高的 Merdeka PNB118 大楼（正在施工中）。此外，她已完成了多座超 400 m 的建筑，同时她还是中国两栋 530 m 高的高层建筑的同行评议专家。

LOTTE 乐天世界大厦，首尔 © LOTTE

（翻译：*胡天宝*）

高层建筑伸臂桁架设计前沿

文 / Hi Sun Choi   Leonard M. Joseph   SawTeen See   Rupa Garai

作者简介

Hi Sun Choi   Leonard M. Joseph

SawTeen See   Rupa Garai

Hi Sun Choi，高级总监
Thornton Tomasetti 公司
51 Madison Avenue
New York，NY 10010
United States
t：+1 917 661 7878
f：+1 917 661 7801
e：HChoi@thorntontomasetti.com
www.thorntontomasetti.com

Leonard M. Joseph，总监
Thornton Tomasetti 公司
707 Wilshire Boulevard，Suite 4450
Los Angeles，CA 90017
United States
t：+1 949 271 3320
f：+1 949 271 3301
www.thorntontomasetti.com

SawTeen See，合伙人
Leslie E. Robertson Associates
40 Wall Street，23rd Fl.
New York，NY 10005
United States
t：+1 212 750 9000
f：+1 212 750 9002
e：sawteen.see@lera.com
www.lera.com

Rupa Garai，副总监
Skidmore，Owings & Merrill 事务所
1 Front Street
San Francisco，CA 94111
United States
t：+1 415 352 6847
f：+1 415 398 3214
e：rupa.garai@som.com
www.som.com

2012 年，CTUBH 出版了第一版《高层建筑伸臂桁架设计技术指南》(*Outrigger Design for High-Rise Buildings Technical Guide*)（以下简称《指南》）。四年过去，新竣工或提上议程的伸臂桁架系统和高层建筑工程又发生了诸多变化和演进，2016 年，CTUBH 伸臂桁架工作组认为及时更新该指南将有所裨益，故联系各路同行，收集了新近研发并已自证其可行性与价值的伸臂桁架系统和实践项目。2017 年新出版的第二版指南中包括了解决过去公认的设计难点与局限的新手段，通过阻尼器和伸臂桁架系统的协作优化建筑性能的新方法及案例。本文概述了第二版的主要更新，并聚焦于对当前伸臂桁架技术研讨具有重要意义的几个项目。

关键词：伸臂桁架，结构工程，风，抗震

1 关于伸臂桁架支撑复杂建筑形制的设计考虑

《指南》新增的"整体系统的刚度效应"（Stiffness Effects from Overall Systems）部分探讨了扭曲、倾斜、锥形等当下风靡的复杂建筑形制中伸臂桁架的相互作用。考虑到可操作性，这类设计在大部分竖向高度的建筑围护结构中使用竖向核心筒，在核心筒无法提供足够的横向强度或刚度之处使用伸臂桁架。值得注意的是，伸臂桁架系统所增强的刚度与建筑整体的几何形状有关。与核心筒、伸臂桁架对称分布在每侧框架柱的塔式建筑不同，在倾斜结构中，伸臂桁架可能是不对称、长度各异的。此外，由于重力荷载的不稳定效应，倾斜结构天生有侧向位移，这点也应有所考虑。出乎意料的是，研究发现：如果伸臂桁架之间发生了正向的刚化效应，则倾斜结构在风荷载下的侧向位移可能小于相应的垂直塔式建筑（图 1，图 2）。

《指南》还探讨了建筑锥度的影响，与每层建筑面积相同的笔直建筑相比，由于上层楼面面积和风力附属的"帆区"（"sail" areas）减小、基部更宽、顶部的伸臂桁架减少，逐层收窄的建筑所承受的风荷载和地震荷载更小。塔式建筑越高，这一优点越显著。

2 混合伸臂桁架系统

《指南》中另一新章节探讨了革新性的伸臂桁架系统，并展现了数个此类案例。传统伸臂桁架系统在建筑侧向位移最大时受力最大，但混合伸臂桁架系统则并非如此。

2.1 阻尼型伸臂桁架（Damped outriggers）

阻尼型伸臂桁架利用核心筒伸出的刚性悬臂的杠杆作用有效驱动非线性的阻尼装置。合成的附属阻尼装置可以有效减少高层建筑的晃动、变形和风力下的涡激振动（VIO），或是减少建筑在地震中的变形和结构要求。附属阻尼装置有黏滞阻尼器（viscous dampers）、黏弹性阻尼器（viscoelastic dampers）、调谐质量阻尼器（TMDs）、调谐液柱阻尼器（TLCDs）和旋转阻尼器（sloshing dampers）。与调谐质量

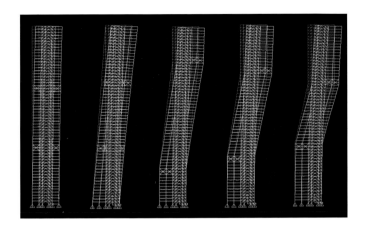

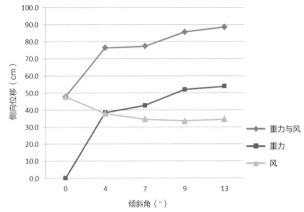

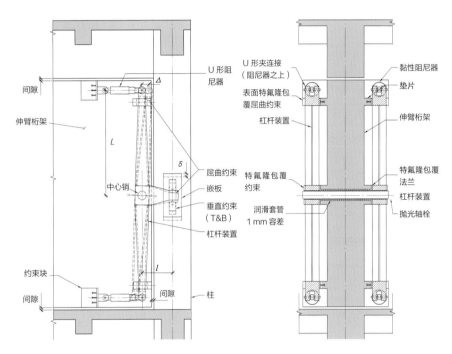

图 1	通过倾斜角为 0°、4°、7°、9° 和 13° 的 60 层倾斜伸臂桁架研究结构的重力变形 来源：Moon，2016
图 2	倾斜角 0°、4°、7°、9° 和 13° 的 60 层倾斜伸臂桁架结构的侧向位移 来源：Moon，2016
图 3	位移放大装置（系统的位移情况用红色虚线表示）部件图解 © SOM

阻尼器、调谐液柱阻尼器相比，机械式的阻尼器型伸臂桁架在不需要额外的空间、重量或调频要求的情况下就能生效。

黏滞阻尼器在任何频率下都能运作，随着驱动速度增加能产生更大的阻力，根据滞留时间内的移动距离将位移转换为热量。在速度高、位移大时，伸臂桁架尖端和框架柱之间的大量相对位移可以有效安放紧凑型的阻尼器，此时黏滞阻尼器就表现得最高效、紧凑且成效最好。为了防止结构过度受力，现代黏滞阻尼器能通过两种方式实现与驱动速度的非线性相关：非线性电阻和卸压。

以下介绍运用伸臂桁架系统增强阻尼器的装置。

高层结构中常在伸臂桁架末端和框架柱之间安装阻尼器，两者之间的相对竖向位移常被用于产生额外的阻尼 (Smith and Willford，2007)。这些位移与结构的侧向偏移成比例且量级较小，尤其是在风力作用之下。增强阻尼器装置可以用于放大这些较小的竖向位移以增强额外的阻尼。

Mathias 等人于 2016 年提出了一个增强阻尼器装置的概念，其通过放大阻尼器的位移和速度来增加额外阻尼。

阻尼器伸臂桁架系统使得伸臂桁架组件（钢筋混凝土墙或是外悬于核心筒的钢桁架）脱离楼板骨架的上下沿和框架柱，使得结构在承受地震荷载或风荷载时能够产生伸臂桁架末端和框架柱之间的竖向位移，由此产生额外的阻尼。为了增强阻尼器型伸臂桁架系统的作用并增大速度以增强阻尼，图 3 中的装置应运而生。如图所示，将中心销的构成组件和阻尼设备的末端视为完全刚性，这一系统断面收缩率的几何增幅因子为 $\psi = L/l$。目标在于尽可能加大增幅因子以增大相对位移增幅，从

而增加阻尼设备的速度。

中国深圳仍在设计中的 320 m 高建筑对这一概念进行了分析测试，在 15、30、45、60 层使用钢筋混凝土伸臂桁架连接核心筒和框架柱以增加结构在短边方向的侧向刚度。分析结果证明，放大位移的水平阻尼器方案增大了阻尼，在地震荷载和风荷载下各项性能指标（层间侧移、屋顶位移、屋顶速度）均优于其他系统。鉴于装置为刚性，水平阻尼器方案能够提供的总阻尼比约为 14.5%，位移未放大的垂直阻尼器方案其阻尼比约为 4.5%，相较而言，作为基础对比方案的伸臂桁架框架核心筒结构其阻尼比仅为 1.5%。

然而，装置中连接中心销（central

pin）与水平阻尼器末端的垂直臂和连接中心销与外部柱网的水平臂会产生变形，因此要考虑减少位移增幅（Δ）和额外阻尼的初装容差。图4为变形形态的装置受力图。事实上，如果装置的悬臂弹性过大，系统难以达到理想的屈服位移，因此无法实现该装置的主要目的。

此装置垂直臂的最小惯性矩应当保证在最大受力荷载下垂直臂的末端挠度小于阻尼器振幅的20%，由此垂直臂的最小刚度能够达到预期效果。

图5所示为运用锥形硬化臂的现实装置概念图，这一装置能够减少由于挠曲变形造成的刚度降低。阻尼器系统放大位移的效能取决于构件刚度和系统容差。因此在运用放大伸臂桁架位移以增加额外阻尼装置时，应当研究平衡系统中装置构件的

刚度和容差以最大化效能和结构特性。

2.2 熔断伸臂桁架系统

熔断伸臂桁架系统是在伸臂桁架的传力路径中安放屈服部件，从而设定了一个构件和连接节点在吸收地震能量时所能承受的力的上限。例如，使用屈曲约束支撑（buckling restrained brace，BRB）元件作为刚性伸臂桁架的斜撑部件，在极端地震情况下，由于能够吸收能量，BRB可以被视为"金属阻尼器"，尽管其与传统阻尼器的特性（如黏滞阻尼器的受力，黏弹性阻尼器的松弛）并不一致。

吸收能量对系统的抗震性能有利，但BRB更大的优势在于其在风荷载下的线弹性刚度和在地震荷载下稳定的滞回表现，以及可靠的连接节点和构件最大受力。尽管BRB系统造价高于传统的钢制伸臂桁

架，但其可控制最大受力的特性对系统其他地方降低结构造价意义重大。

另一实际运用为使用结构性熔断连接件的混凝土伸臂桁架系统，用钢板"剪切连接"（shear link）元件最终接驳混凝土伸臂桁架末端和框架柱。伸臂桁架通过尺寸设计可使其保持在风荷载下的弹性，因此保证系统需要的侧向刚度和倾覆抗力，但其在强震中能发生屈服（图6，图7）。损坏的剪切连接元件在地震后可以被更换，并且在建造过程中剪切连接件可以稍后安装，由此减少分置的核心筒和柱子间的重力传递。

3　系统组织与案例

混合钢-混凝土核心筒和伸臂桁架系统现可分为两类：屈服伸臂桁架系统和弹性伸臂桁架系统。洛杉矶350 m高的威尔榭格兰德中心(Wilshire Grand Center)和中国重庆的来福士广场（Raffles City，包括8座塔

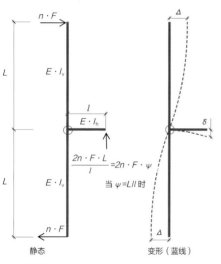

E: 弹性系数
I_v: 垂直臂惯性矩
I_h: 水平臂惯性矩
F: 各阻尼装置受力
n: 连接装置阻尼器数量
ψ: 几何增幅因子

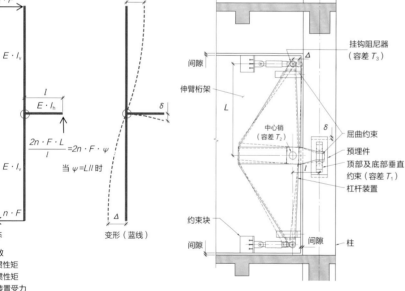

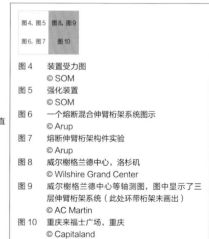

图4，图5　图8，图9
图6，图7　图10

图4　装置受力图
　　　© SOM
图5　强化装置
　　　© SOM
图6　一个熔断混合伸臂桁架系统图示
　　　© Arup
图7　熔断伸臂桁架构件实验
　　　© Arup
图8　威尔榭格兰德中心，洛杉矶
　　　© Wilshire Grand Center
图9　威尔榭格兰德中心等轴测图，图中显示了三层环带伸臂桁架系统（此处环带桁架未画出）
　　　© AC Martin
图10　重庆来福士广场，重庆
　　　© Capitaland

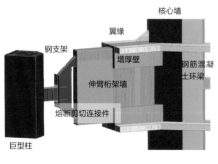

式建筑，其中两座高达 354 m）都是混合钢 - 混凝土核心筒和屈服伸臂桁架系统的实例，而首尔的乐天世界大厦（Lotte World Tower）则是弹性伸臂桁架系统的实例。这些建筑的设计特点会在下文中进行概述。

3.1 屈服伸臂桁架系统

典型案例 1：洛杉矶的威尔榭格兰德中心。

2017 年，335 m 高的 62 层塔楼威尔榭格兰德中心竣工（图 8）。其平面布置和钢筋混凝土核心筒为细长形的，因此采用三组伸臂桁架将核心筒和四周的钢管混凝土

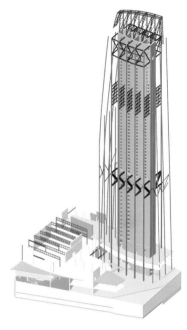

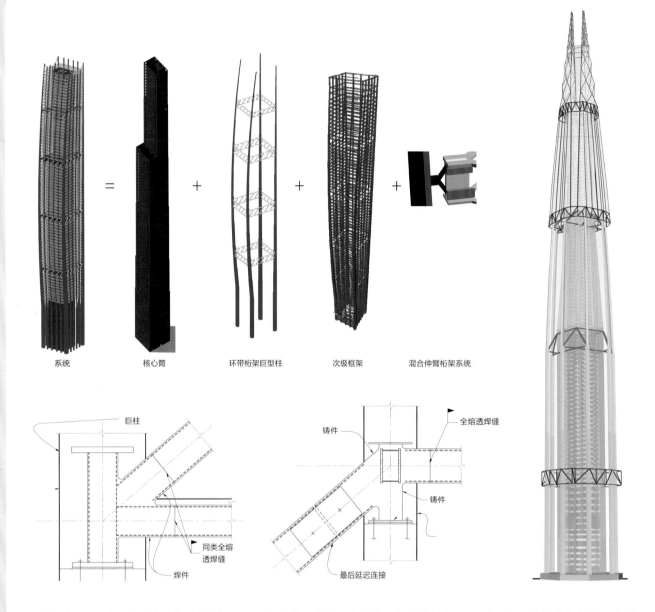

系统　　　核心筒　　　　环带桁架巨型柱　　　　次级框架　　　混合伸臂桁架系统

柱连接在一起，以增强核心筒的侧向刚度，保证使用者的舒适度，并抵抗强风下的侧向倾覆，同时可吸收地震能量。三组伸臂桁架中有两组运用了多层钢制环形桁架以将横向倾覆力分散到各个框架柱，从而迫使所有框架柱的竖向变形相同，并提供"虚拟伸臂桁架"（virtual outrigger）以抵抗纵向倾覆力。所有伸臂桁架斜撑部件中的BRB设定了极端情况下连接件、柱子和横墙中高剪切力发生的节点域（panel zones）的受力上限；BRB在工作负载下弹性工作。考虑最大震级下的非线性响应时程图形证明了BRB具有出色的抗震性能（图9）。

典型案例2：重庆来福士广场。

该综合体共有8座塔楼，其中2座300多米高的塔楼运用了混凝土核心筒、巨型角柱和两层框架连接的多环形桁架和转角伸臂桁架（图10，图11）。伸臂桁架安装了剪切消散组件，即前文熔断伸臂桁架部分中所介绍的"结构性熔断"（structural fuse）。这一组件能抵抗重力和风力荷载组合以及475年一遇的地震。在最大可信地震（MCEs）时，"熔断"会在剪力下变形，耗能并限制混凝土伸臂桁架、巨柱和连接件的受力。

3.2 弹性伸臂桁架系统

典型案例：首尔的乐天世界大厦。

乐天世界大厦高555 m，共有123层，为世界第五高建筑（图12）。大厦耗资25亿美元，兼具办公、零售、酒店、商住公寓（Officetel，韩国常见的商住两用结合体）、停车、展览和观光等功能。该塔楼的外形呈锥形向上收分，因此沿高度三分之一的混凝土核心筒是倾斜向上的，柱子也是从两个方向倾斜向上。建筑的主体部分（1—71层，主要为办公和商住层）采用钢结构板式桁架楼承板体系（steel framed with a slab-on-truss deck），酒店部分（87—101层）则采用带托板的混凝土无梁楼盖。顶部的斜肋构架结构包括高端办公层、展览层和同样使用了钢结构板式桁架楼承板体系的观光层，形成建筑顶部的"灯笼"式的结构。锥形建筑在结构上具有相当的复杂性，但对减少风荷载卓有成效。塔楼承受重力和侧向荷载的主要承载系统包括8根混凝土巨柱，混凝土核心筒，一系列位于设备层、避难层、空中大堂和酒店设施房的伸臂桁架和环形桁架。环形桁架将斜肋构架的"灯笼结构"传递给酒店层的结构柱，并将后者传递给商住公寓层和办公层的巨柱。

从最早的纽约世界贸易中心（World Trade Center）双子塔开始，高层建筑就运用伸臂桁架来增强建筑抵抗风和地震水平

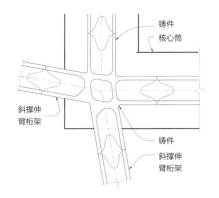
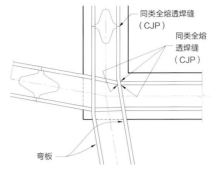
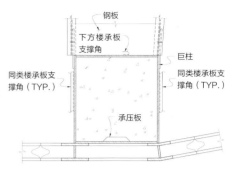

铸件

核心筒

斜撑伸臂桁架

铸件

斜撑伸臂桁架

同类全熔透焊缝（CJP）

同类全熔透焊缝（CJP）

弯板

钢板

下方楼承板支撑角

巨柱

同类楼承板支撑角（TYP.）

同类楼承板支撑角（TYP.）

承压板

> 乐天世界大厦的环形桁架位于巨柱外部，由此简化了结构，并且不再需要使用三维钢结构节点。

图11，图12
图15－图17
图13，图14

图 11　重庆来福士广场结构系统
　　　　© Arup
图 12　乐天世界大厦，首尔
　　　　© LERA
图 13　乐天世界大厦伸臂桁架与巨柱的连接
　　　　© LERA
图 14　乐天世界大厦伸臂桁架与核心筒的连接
　　　　© LERA
图 15　乐天世界大厦用于伸臂桁架与核心筒连接的铸件
　　　　© LERA
图 16　乐天世界大厦用于伸臂桁架与核心筒连接的焊件
　　　　© LERA
图 17　乐天世界大厦环形桁架与巨柱的连接
　　　　© LERA

荷载的稳定性，从而减小核心筒的倾覆力矩，并控制核心筒和框架柱之间的差异位移。乐天大厦仅需要两层伸臂桁架连接巨型结构柱和核心筒就能在风荷载下控制塔楼的侧移和侧向加速度。底层 3.3 m 见方的巨柱（对底部 8 层无支撑作用）和其他同样高度的建筑相比尺度较小，甚至可称得上是"纤长"型部件。

像结构柱和核心筒之间的沉降差异这样的徐变和收缩造成的影响也需考虑在内。当巨柱沉降大于核心筒时，通过建造时巨柱安装的梁拱将受力通过伸臂桁架部件转移，进而解决可能形成的楼板失衡。结构工程团队建议推迟伸臂桁架的最后连接以减少短期内的受力，同时亦对长期徐变和收缩造成的力的传递有所应对。

与其他项目伸臂桁架的竖向钢构件延伸至上下数个楼层的情况不同，乐天世界大厦的伸臂桁架运用简单的盖板和底板将竖向荷载传递给混凝土巨柱和混凝土剪力墙（图13，图14）。

建筑的几何结构决定了巨柱的位置，而伸臂桁架在平面上应当与核心筒斜交。伸臂桁架与巨柱有两种连接方式：其一运用铸件（图15），其二运用焊件（图16）。目前上海环球金融中心（Shanghai World Financial Center）使用前种连接方式。

其他项目多数使用环形桁架贯穿巨柱中心并与伸臂桁架中心相交，形成复杂的连接。乐天世界大厦的环形桁架则位于巨柱外部，由此简化了结构，并且不再需要使用三维钢结构节点（图17）。

4　总结

高层建筑始终追求更新颖的设计和更高的楼层使用效率，对抗震和抗风性能要求不断攀升，其设计的复杂性也不断提高。伸臂桁架已被证实是一种高效的解决方案，但其并非是一成不变的，正如上述案例和新修订的技术指南一样，仍需要不断改进完善。

致　谢

感谢 CTUBH 伸臂桁架工作组的其他同事，Goman Ho 博士和 Neville Mathias，以及其他为本文作出贡献的人，感谢他们所分享的知识和从他们项目中学得的一切。

参考文献

MATHIAS N, RANAUDO F & SARKISIAN M. Mechanical Amplification of Relative Movements in Damped Outriggers for Wind and Seismic Response Mitigation[J].International Journal of High-Rise Buildings, 2016, 5(1): 51-62.

MOON K S. Outrigger Systems for Structural Design of Complex-Shaped Tall Buildings[J].International Journal of High-Rise Buildings, 2016,5(1): 13-20.

SMITH R J & WILLFORD M R. The Damped Outrigger Concept for Tall Buildings[J]. The Structural Design of Tall and Special Buildings, 2007, 16(4): 501-517.

（翻译：孙瑜蔓）

新加坡空中花园两例

文 / Dr. Swinal Samant　Na Hsi-En

本文调查了新加坡建屋发展局开发的两处公租房楼盘中，鼓励积极使用公共空间和社会互动的设计策略的有效性。研究通过系统性的使用者调查和实地观察展开，研究成果接下来也经过了文献的论证。本研究成功地做出了以下结论：尺度和设计特点上的多样性为居住者使用空中花园创造了更多机会；在空中花园提供各式各样的活动项目有利于它们的使用，弥补了可达性较低带来的阻碍；出于对私密性的考虑，应当避免居住单元和空中花园之间直接的视觉联系；可以通过改进可达性、尺度和环境保护来补充活动项目，以此来最大化空中花园的可用性。

关键词： 空中花园，社会互动，高密度

作者简介

Dr. Swinal Samant　　　　Na Hsi-En

Swinal Saman 博士是新加坡国立大学建筑系的高级讲师。她在搬到新加坡之前，曾在英国诺丁汉大学担任建筑学副教授。她在组织和进行全球建筑和城市维度语境下的环境可持续教学和研究方面有着丰富的经验。

Swinal 是国际同行评审期刊的编委、专家同行评审委员会和 CTBUH 人居城市／城市设计委员会的成员，也是印度国家艺术与文化遗产信托基金 (Indian National Trust for Art and Cultural Heritage, INTACH) 的终身会员。

Na His-E 是新加坡国立大学设计与环境学院的建筑学硕士研究生，从事设计和可持续议题研究。

Swinal Samant，博士，高级讲师
Na His-En，硕士研究生
Department of Architecture
School of Design and Environment
National University of Singapore
4 Architecture Drive, Singapore 117 566
t: +65 6601 3437
f: +65 6779 3078
e: akisama@nus.edu.sg
wwww.nus.edu.org

1 概述

新加坡是世界上人口密度最高的国家之一，高达 7 797 人 /km² (新加坡统计局，2016)。由于新加坡的高人口密度和有限的土地面积，垂直扩张被认为是最行之有效的选择。这个模式被新加坡政府当局进一步发展，由此诞生了建屋发展局 (the Housing Development Board，HDB) 开发建设的组屋，容纳了新加坡 85% 的居住人口。20 世纪 60 年代，政府组屋的平均高度为 10~12 层，90 年代增长到了 30 层 (Yuen，2009)。2000 年以后的楼盘，例如"达士岭"(Pinnacle@Duxton) 和"杜生庄"(Skyville@Dawson)，都达到了 40 层以上的高度，未来开发的楼盘仍有可能会更高 (图 1，图 2)。

尽管新加坡人对高层公共住宅持积极态度，但高层住宅也有其不方便的缺点，

图1	图2

图1　杜生庄，新加坡
　　　© WOHA
图2　达士岭，新加坡
　　　© ARC Studios

> 一项针对典型的新城政府组屋——"蔡厝港"的屋顶花园的调研揭示，只有10%~20%的受访者定期造访屋顶花园，可达性和活动项目方面的问题、热舒适度的缺乏都被认定为是导致其使用度差的关键因素。

表1　用以定义符合期望的高层住宅公共空中花园特点的评价框架

活动项目	可以照顾到不同年龄群体
	为丰富居民的日常生活作出贡献
	可以促进社交互动
	可以刺激多种活动同时进行
可达性	激活场所
	视觉联系的存在
	与主要流线的物理联系
	对公众或个人进出的管理
	提供允许更高便捷性的便利设施
	建筑朝向
设计特点	有遮挡日晒雨淋的遮蔽物
	有微风习习和自然通风
	合适的空间尺度／大小
	有绿化
	专门安排空中花园的位置
	有良好的观景视野

以及对健康和舒适度的负面影响（Williams，1991；Gifford，2007；Evans et al.，1989）。这些负面影响包括恐惧、不满、压力、行为问题、自杀、缺乏社会关系、降低乐于助人和善于交际的能力，以及妨碍儿童的健康成长。然而，已经有研究表明，随着对高层居住"自然性"的评价越来越多，居民的表现与行为也有了显著的进步（Taylor，Kuo & Sulivan，2002）。也有研究发现，可以通过在这些垂直环境里提供可达的绿化空间来减轻高层住宅的负面影响，这一举措在高度城市化的新加坡已经被广泛采纳。

2　文献综述

空中花园和空中露台是勒·柯布西耶"空中街道"理念在当代的阐释，即地面之上的公共空间。这样的空间在不连续的楼层之间连接了高层塔楼，在空中创建了社区，将各种活动联系在一起，将绿色空间与建筑结构整合在一起，加强了出入口的安全性和机动性，同时创造了观赏城市的新的有利地点。这些空间通常作为平台使用，让居住者得以在垂直方向上被分隔的楼层当中建立联系。住宅塔楼中插入的空中花园带来了更接近高层住宅单元的休闲活动，否则这些住户就无法便捷地到达休闲活动空间（Pomeroy，2012）。绿化成为空中花园不可或缺的一部分，对于使用者的健康、心态和所受到的压力水平都有恢复的作用（Clay 2001；Nielsen & Hansen 2007）。

新加坡的空中花园最初是从新城（New Towns）政府组屋的屋顶停车场绿化演变而来。尽管当时这些绿化增加了视觉上的愉悦度，然而由于露天地面（空屋顶）占据主导地位，它们并不能算是成功的公共空间或社交场所。一项针对典型的新城政府组屋——"蔡厝港"的屋顶花园的调研揭示，只有10%~20%的受访者定期造访屋顶花园（Yuen & Wong，2005），可达性和活动项目方面的问题、热舒适度的缺乏都被认定为是导致使用度差的关键因素（表1）。未能充分利用此类空间进

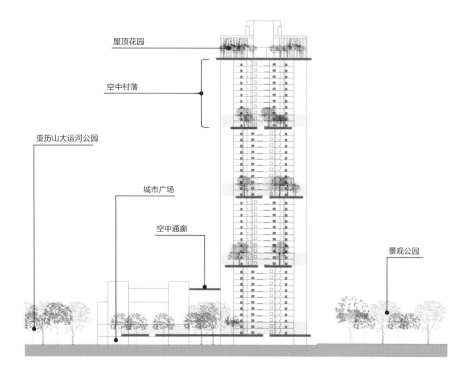

屋顶花园

空中村落

亚历山大运河公园

城市广场

空中通廊

景观公园

一步导致了更多冗余空间的出现,在密度增长的背景下,给土地紧缺和住房质量的问题带来了压力。这支持了空中花园设计需要改进的观点,必须如此才能改善空间利用不充分的问题。

近年来,经历了从把新城政府组屋的屋顶停车场再利用为花园,到专门建设更多屋顶花园的转变,这些屋顶花园在楼盘中扮演着不可或缺的角色。"打造翠绿都市和空中绿意"(LUSH)计划以及"绿化容积率"(GPR)标准的实施提升了绿色建筑面积的合适比率,使得居民能够享受到前文所述的种种利益(市区重建局,2014;Ong,2003)。一些研究也把这些场所取得的成功和其专门的用途以及不加限制地对公众开放等因素联系了起来(Hadi,Heath & Oldfield 2014)。

文献综述证明了现有的对高层建筑空中花园的研究主要聚焦于从设计、环境、行为及社会这几个要素分别单独进行评价。本篇论文则调查了两座特定的政府组屋楼盘——"达士岭"和"杜生庄"——的空中花园的效益,分析框架聚焦于整体地研究两者的可达性、活动项目和设计特点。

3 方法论

方法论包括了对文献综述得来的数据的分析、实地观察,以及对所选案例"达士岭"和"杜生庄"的使用者调查。文献综述部分定义的可达性、活动项目和设计特点这三个主题(见表1)形成了用于评价空中花园设计的概括性的分析框架。"达士岭"和"杜生庄"被选为研究案例的原因是它们都是属于政府组屋的房地产项目,且是整合了空中花园的高密度的高层住宅类型。虽然新加坡也有其他结合垂直绿化且声誉很好的楼盘,但它们的设计与本研究的范围无关。实地观察和使用者调查被用来帮助研究者从使用者看待空中花园的视角进行深入了解,这些也在文献的研究结果中反映了出来。

40位居住者参与了调研,一半来自"达士岭",一半来自"杜生庄",涵盖了三个使用时间段(上午8:00—10:00,下午2:00—4:00和5:00—7:00)。根据居住者在不同调研时间和地点的参与,平均样本大小被确定下来。大多数居住者分别在入口层大厅和屋顶花园层接受问卷采访,以此来得到客观的用户组合。视觉调研和观察有间断地进行,以此来记录一系列不同天气状况和生活习惯下的场景。

"达士岭"建成于2009年,是一个体系完善的社区;而"杜生庄"在2015年刚刚建成,在研究进行的时候还未完全住满。因此,两处楼盘居住者的比较偏好和流露出的归属感也对调研结果有所影响。

4 案例研究

4.1 "杜生庄"

"杜生庄"参照的核心思想是复制村落这一类型,空中花园作为社交节点,"村落"社区随之围绕其有代表性地聚集(Zachariah,2015)(图3)。

空中花园的位置分布使得整座楼任何住宅单元距离花园都最多不过5层楼的距离。这提高了花园的可达性,增加了住宅单元与花园之间的视觉联系。"杜生庄"的空中花园尺度较小,活动项目也比较单一,被观察到的活动内容主要局限于休息以及坐着的活动,花园中提供的座椅区域为这一活动提供了支持。居民把空中花园当作他们住房的延伸,用作存放自行车和摆放盆栽的地方。

"杜生庄"的空中花园对日晒雨淋有着良好的遮蔽。更进一步讲,位于中心的空中花园增强了绿化和建筑其他部分之间的视觉联系。然而,这些有良好遮蔽的空中花园却未被充分利用(图4)。尽管成功地建立了视觉联系,但空中花园的活动还是乏善可陈。据观察,大部分临近空中花园的住宅单元都无人居住,这表明了人们对于私密性的担忧。

4.2 "达士岭"

"达士岭"采用了"空中街道"的概念,以多种主题的迷你公园为特征,用不同的活动激活空中花园,包括运动场、健身设施,以及座椅区域。这些举措增强了空中花园与更广范围的不同年龄和兴趣的使用者的关联度,鼓励他们参与同一地点上的不同活动(图5,图6)。与"杜生庄"相比,"达士岭"整座楼盘的居民共享两个空中花园,并且公园与居住单元完全隔离,因此空中花园更多情况下被当作是半公共性质的公园。

所研究的两处空中花园都是类似公共属性,因此许多非住户也会频繁造访。"杜生庄"的空中花园完全对公众开放;"达士岭"则使用了需要刷居民卡的大门来控制公众进入,第50层的花园需要来访者支付少量入场费，第26层的花园则是仅限居住者使用的社区空间。另外，大多数"达士岭"的休闲空间都是露天场所，没有遮蔽。尽管如此，"达士岭"的空中花园还是比"杜生庄"得到了更好的利用，吸引了大量的来访者（图7）。

5 研究结果

5.1 活动项目

研究证明，一个良好的活动项目规划是吸引居住者前来使用空中花园的重要因素，可以抵消可达性较差带来的不便，正如"达士岭"所证实的一样。50层的空中花园有运动场地和多种多样的座椅区域，26层的空中花园有健身区域、社区空间，以及游戏场所。尽管缺少对日晒雨淋的遮蔽，且有需要刷卡的额外限制，但活动项目的多样性使得这两个空中花园比"杜生庄"有遮蔽且不限制进出的花园要成功得多。

两座楼盘的空中花园在它们提供的便利设施上有显著的差别。"达士岭"解决了一系列的功能问题，为居民提供了参与多种活动的选择。而另一方面，"杜生庄"仅仅以座位为特征，把空间的用途限制于坐着的活动。在提供一系列更广泛的便利设施方面，"达士岭"的空中花园被看作是休闲娱乐空间，人们可以参与一系列不同的活动，暗示了活动项目的多样化可以鼓励使用。支持健康生活方式的设施，比如慢跑道、有良好遮蔽的空中体育馆、开放的微风习习的休息区域都是令人称心如意的，这是因为居民们把使用这些空间看作是一种把自己从居住单元的限制中解放出来的行为。

本研究进一步强调，为了提高空中花园的利用率，它们需要被设计或改造为鼓励人们互动的"社交空间"。作者所做的调查证明了居民需要休闲活动设施（例如公共厨房或者活动中心）、安静的场所和与其并置的临时活动（例如集市或展览），以及便利店。这能够让各种使用人群参与多种多样的活动，居住者可以有机会更长时间地停留在空中花园。为此，需要多种尺度、社会开放度以及活动项目的空间类型来满足不同居住者的需求（图8）。

5.2 可达性

与直觉相反的是，在政府组屋住房体系内，较好的可达性对于空中花园的光顾

一方面要努力为空中花园注入各种活动，来减少人们到达街道层参与活动的必要性，另一方面设计者也要注意不可完全照搬街道的模式，相反应该与街道相互补充，以此避免可能会导致的街道活动和地面生活的衰退。

率影响很小；实际上，考虑到私密性以及相关的噪声、乱丢垃圾等问题，与住宅单元隔离开的空中花园甚至更受欢迎。这或许归因于新加坡的"花园城市"概念，居住单元通常都有着面向绿化空间的景观面。正因如此，单是视觉上接触绿化的空间几乎起不到吸引人的作用。这种情况或许仅限于新加坡，然而，它让我们注意到城市绿化政策所扮演的重要角色，并暗示了可能出现的进一步影响。

确实，空中花园的的位置和居民对它们的熟悉程度也可能归因于这种行为。不论视觉可达性如何，正是这些场所的功能吸引来了使用者。也许可以捍卫视觉可达性的是"街道上的眼睛"这一理论，该理论认为使用者很重视公共空间的视觉可达性，以此方便照看老年居民和儿童。然而由于政府组屋体系对于这些地点严格的监控和管理，或许这条原则在某种程度上是多余的。因此，本研究建议空中花园和住宅单元可以在实体上相互隔离，并且可以避免两者之间直接的视觉联系（图9，图10）。

进一步讲，空中花园之间的连通性十分重要，因为这能够鼓励人们步行和锻炼。居住单元的私密性不应当与连通性妥协，在有可能会很喧闹的空中花园和私人住宅单元之间需要一些缓冲。

5.3 设计特点

除了多种多样的活动项目以外，空中花园的尺度也需要被仔细考量。多种尺度的空中花园可以为容纳一系列的活动创造条件，范围从私密空间里的个人活动扩展到开敞环境里的集体活动（图11）。大部分"杜生庄"的调研对象更喜爱在空中花园与家人共度时光，或许是因为这里的座椅设施比较完善。然而"达士岭"的使用者更喜欢在空中花园进行与体育锻炼相关的活动，因此他们更倾向于更大的、像公园一样的空间。小团体共用的、尺度更加亲密的空中花园会使得居民感觉更加舒服，也会在少数互相熟悉的使用者之间创造出更多社交互动的机会，从而培养出归属感和身份认同。

一系列有着不同设计特点和差异性

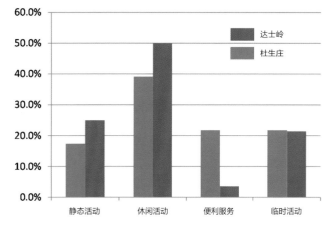

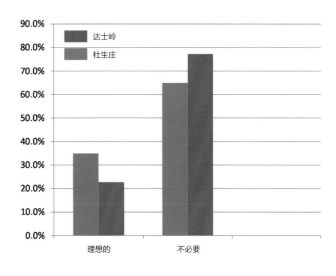

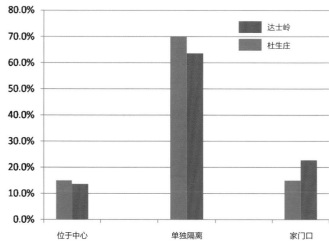

的空间是符合人们期望的，因为它们有支持许多活动同时发生的潜力。尽管绿化的存在不能直接提升空中花园的使用率，但绿化有益健康这一好处可以同多样化的活动项目相互补充，丰富空中花园的设计特点。

由于缺少遮蔽空间，"达士岭"空中花园的使用情况受制于当时的天气状况，38%的受访使用者都对这一点提出了批评。同时，93%的受访者更愿意在早上和晚上使用空中花园，因为早晚日晒较弱，且对于他们每天的日程安排来说也更方便。从对这两处地点的观察和调研中，很大程度上可以得知，在空中花园适当提供针对日晒雨淋和噪声的实体遮蔽物可以提高这些场所的使用率。

6 结论

鉴于高密度城市环境中对于空中花园的普遍使用，本研究从活动项目、可达性以及设计特点三方面调查了新加坡"达士岭"和"杜生庄"所采用的策略的有效性。

本研究建议，为了最大化空中花园

图8　调查问题"居民希望哪些额外的便利设施应当加入空中花园？"的回答
图9　调查问题"居民如何看待从居住单元和电梯间到空中花园的视觉通达性？"的回答
图10　调查问题"居民更喜欢如何安排空中花园的位置——位于中心、单独隔离还是在家门口？"的回答
图11　调查问题"居民更喜欢何种尺度/大小的空中花园？"的回答

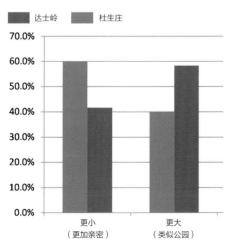

作为具有高利用率的休闲空间的潜能，需要为其配备各种各样的便利设施，并且理想情况下，这些对活动项目的调整需要和受欢迎的设计特点相互补充，例如提供合适的遮蔽、多样的尺度，以及便捷的进入方式。

空中花园提供的休闲娱乐活动和多种便利设施是人们所希望的，因为它们给住宅楼里的居民提供了方便。促进健康生活方式和良好家庭关系的活动尤其被珍视，这些活动需要和多样化的设计和空间尺度相互补充，以此来增加居民为其各自需求找到合适场所的机会。例如，增强归属感的亲密休息空间，连通性强、能激发健康活跃生活方式的空间，这两者的互相平衡可以被看作是十分理想的。

另外，为了保持居住者的私密性，居住单元和空中花园之间直接的视觉联系应当被避免。空中花园也需要一定的管理规章制度，以避免为居民提供的活动受到不合理的限制。总的来说，一方面要努力为空中花园注入各种活动，来减少人们到达街道层参与活动的必要性，另一方面设计者也要注意不可完全照搬街道的模式，相反应该与街道相互补充，以此避免可能会导致的街道活动和地面生活的衰退。

本项针对空中花园的研究仅限于两座公共住宅以及一个小型样本。一个范围更广、更综合，覆盖新加坡国内外的更多案例以及不同建筑类型的研究，将会带我们更深入地理解高密度城市中空中花园所扮演的角色和所产生的影响。

致　谢

本文的作者对 Srilakshmi Jayasankar Menon 提供的支持表示感谢。

参考文献

CLAY R A. Green is Good for You[J]. Monitor on Psychology, 2001,32(4): 40.

DEPARTMENT OF STATISTIC SINGAPORE (SINGSTAT). Latest Data[EB/OL]. SINGSTAT ,2016[2017-04]. https://www.singstat.gov.sg/statistics/latest-data#16.

EVANS G W, PALSANE M N, LEPORE S J & MARTIN J. Residential Density and Psychological Health: The Mediating Effects of Social Support[J]. Journal of Personality and Social Psychology, 1989, 57(6): 994-999.

GIFFORD R. The Consequences of Living in High-Rise Buildings[J]. Architectural Science Review, 2007,50(1), 2-17.

HADI Y, HEATH T & OLDFIELD P. Vertical Public Realms: Creating Urban Spaces in the Sky[C]// Future Cities: Towards Sustainable Vertical Urbanism – 2014 Shanghai Conference Proceedings.CTBUH, 2014:112-119.

NIELSEN T S, HANSEN K B. Do Green Areas Affect Health? Results from a Danish Survey on the Use of Green Areas and Health Indicators[J]. Health and Place, 2007,13(4): 839-850.

ONG B L. Green Plot Ratio: An Ecological Measure For Architecture And Urban Planning[J]. Landscape and Urban Planning, 2003,63(4): 197-211.

POMEROY J. Greening the Urban Habitat: Singapore[J]. CTBUH Journal, 2012(I): 30-35.

TAYLOR A F, KUO F E & SULLIVAN W C. Views Of Nature and Self-Discipline: Evidence from Inner City Children[J]. Journal of Environmental Psychology,2002, 22(1–2): 49-63.

URBAN REDEVELOPMENT AUTHORITY (URA). LUSH 2.0: Extending the Greenery Journey Skywards[EB/OL]. URA,2014[2017-04]. https://www.ura.gov.sg/uol/media-room/news/2014/jun/pr14-35.aspx.

WILLIAMS B. Health Effects of Living in High-Rise Flats[J]. International Journal of Environmental Health Research, 1991,1(3): 123–131.

YUEN B. Reinventing High-Rise Housing in Singapore[J]. Cityscape, 2009,11(1): 3-18.

YUEN B, WONG N H. Resident Perceptions and Expectations of Rooftop Gardens in Singapore[J]. Landscape and Urban Planning, 2005, 73(4): 263-276.

ZACHARIAH N A. Dawson's Skyville and SkyTerrace Projects are Raising the Bar for Stylish Public Housing[N/OL]. The Straits Times, 2015[2017-04]. http://www.straitstimes.com/lifestyle/home-design/dawsons-skyvilleand-skyterrace-projects-are-raising-the-bba-for-stylish.

（翻译：杨梦溪）

微型－宏观住宅模式在全球高层建筑中的应用

文 / Mimi Hoang　Ammr Vandal

Mimi Hoang　　　　　Ammr Vandal

作者简介

Mimi Hoang 是 nARCHITECTS 创始人，哥伦比亚大学建筑研究生院兼职助理教授。她与 Eric Bunge 一起共同创立了 nARCHITECTS，旨在通过提出概念、社会参与、创新技术来解决当代建筑问题。她们志在鼓励建筑、公共空间之间的互动，以产生活跃的环境氛围。nARCHITECTS 曾荣获美国建筑艺术学院奖（American Academy of Arts and Letters Award），以及 AIANY 的安德鲁汤姆森住宅先锋奖（AIANY's Andrew J. Thomson Award for Pioneering in Housing）。Hoang 拥有哈佛设计学院硕士学位，MIT 学士学位。

Ammr Vandal 是 nARCHITECTS 的主持建筑师。她在俄亥俄州伍斯特学院获得经济学学士学位后，在哥伦比亚大学建筑学院获得建筑学硕士学位。在加入 nARCHITECTS 之前，她曾在纽约、加拉加斯和巴基斯坦接受专业训练。她在 nARCHITECTS，Ammr 主持设计过许多获奖作品，包括 Carmel Place，布鲁克林的 Wychoff House 博物馆，以及台湾的 Forest Pavilion，目前是布鲁克林 A/D/O 的主持建筑师。她曾与 Eric Bunge 一起在哥伦比亚大学建筑学院任教，并曾在普瑞特艺术学院（Pratt Institure）、帕森斯设计学院（Parsons）和纽约市立大学（CUNY）担任客座评委。

Mimi Hoang，联合创始人
Ammr Vandal，主持建筑师
nARCHITECTS
68 Jay Street
Brooklyn NY 11201
United States
t：+1 718 260 0845
e：mimi.hoang@narchitects.com
www.narchitects.com

什么样的居住模式可以满足高密度城市对于人口增长、住房短缺、人口结构改变的需求呢？随着政府寻找方法解决住房和人口之间的巨大差异，许多开发商选择了占地面积广、建筑体量大的项目。虽然这些公寓开发项目提供了大量的住宅单位，但它们巨大的占地面积减少了城市公共用地，通常也只具备一种用地属性。本文探讨了"微型－宏观"（Micro—macro）住宅模式的可行性，其中人均居住面积有所减少，但是增加了社交空间、社区意识，以及社区设施的密度和多样性。"小型"或"微型"不一定意味着削弱或隔绝生活体验，通过理解微型公寓在设计和建造中的挑战和机遇，城市可以在不破坏多样性和社会互动的条件下有序增长和发展。

关键词：微型住宅单元，保障性住房，密度

1 引言

微型公寓的挑战不仅在于尺度小，还在于其更有可能应对城市居民居住需求的改变。从人口统计，到生活模式，再到工作方式，这些变化是由多方因素共同产生的。在全球的城市中，人们生活得更绿色、更健康，因此人们也活得更久。人们倾向于晚婚，有一部分原因是更多的女性参加工作和学习，同时离婚的情况也更多。事实证明，在过去的十年中，单身公寓在全球增长了 30%。在曼哈顿地区，几乎半数人口独自居住，核心家庭（传统上指由父母和子女组成的家庭）降至 20%（Perine & Watson，2011）（图 1）。美国的悖论在于，尽管减少了每间公寓的面积，但是在 1950—2016 年间（Perry，2016），人均居住面积几乎翻了 3 倍。有一部分原因是，在世纪之交的房屋改革政策中，记者 Jacob Riis 揭露了纽约移民严峻的居住条件，他的摄影作品显示了极度拥挤的分

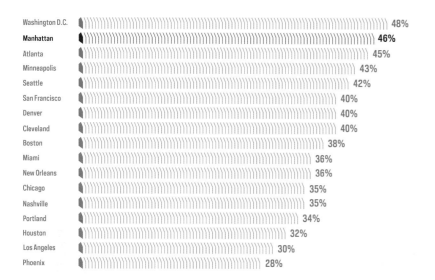

Washington D.C.	48%
Manhattan	**46%**
Atlanta	45%
Minneapolis	43%
Seattle	42%
San Francisco	40%
Denver	40%
Cleveland	40%
Boston	38%
Miami	36%
New Orleans	36%
Chicago	35%
Nashville	35%
Portland	34%
Houston	32%
Los Angeles	30%
Phoenix	28%

图1	图2
	图3，图4

图 1　美国各州单身家庭的比例
图 2　Carmel Place，纽约
图 3　完工后的 Carmel Place 街景
　　　© Iwan Baan
图 4　模块化装配进行中的 Carmel Place

租公寓几乎没有通风和日照，这促使政府颁布了现有的房屋规范，该规范保障生命安全，并对公寓尺寸做出规定（面积最小 37 m^2，净高最低 2.4 m）。然而，规范鼓励的核心家庭的大公寓，不再符合政府的人口结构统计数据特征。在纽约市，有 180 万个小家庭，但只有 100 万间适合的公寓。由于需求超过供应，每间小公寓的租金已经超过了大公寓，这导致了非正规及不合法的转租和分租。面对民众因为价格过高和数量不足而无法找到合适住房，政府应该如何应对？

与人口结构变化类似，研究发现了工作和工作者之间的转化关系。由于技术进步，工作不再受到时间和地点的限制。工作的时间延长，有时会占据传统意义上的"下班"时间，并慢慢转向办公室以外的非正式场所。从另一方面来说，"家"的概念及其核心已经体现在了工作和公共领域。生活、娱乐和社交活动已被分散，超出了严格意义上的"家"的概念。因此，微型公寓概念的提出与宏观人口变化的压力，以及相应的住房供应不足，工作方式和时间的改变有关。针对微型公寓的规划、设计、施工，必须综合考虑，以使其成为城市中多样化住宅中宜人宜居不可或缺的类型。那么，到底是什么制约着微型公寓的发展呢？

2 微型公寓的限制：规划与设计

为了回应纽约市住房供给严重不足的研究，纽约市市长办公室、住房保护与发展部、城市规划委员会于 2012 年发起了公开竞赛 adAPT NYC，竞赛题目为——针对新建公寓，政府现行政策中对最小 37 m^2 的限制是否应该放宽。获奖提案"Carmel Place"作为试点项目（图 2），开

展了宜人宜居人性化公寓最小面积的研究。尽管该项目获得市长批准，可以不满足"优质住房项目"的最小公寓限制，但仍需遵守其他建筑规划部门的相关法律法规。这些条文包括"美国残疾人法案（ADA）"——无障碍厨房和浴室，最小卧室面积（14 m^2，净高 2.4 m），光照和通风

要求，厨房与起居室分离的要求。

在规划方面，Carmel Place 被允许变更居住密度（建筑中的公寓数量占总面积的比例）。这是纽约市第一个也是唯一的一个 100% 由微型公寓或单间公寓组成的建筑（图 3）。其他对规范的超越则依赖于模块化建造方面的应对。其结构集成

> 尽管模块化施工有充足的尺寸范围可以进行调整，但 Carmel Place 项目在某些区域依靠 38 mm 的建造容差，来满足经济上可行的单元数目。

到目前为止，Carmel Place 是曼哈顿地区最高的由自支撑模块单元建造的建筑，共包含 65 个单独的钢结构和混凝土框架模块，其中有 55 个公寓单元模块和 10 个楼梯电梯井模块。

的模块由双层地板 / 天花板和墙壁组件构成，因而不需要初期建造核心筒。这一结构体系的简化源于结构需要满足自堆叠建造的需求，需要在现场连接的细部节点，以及各个模块运输尺寸方面所受到的限制（需要保证各部件在结构上得到保护）（图 4）。为鼓励城市的模块化建设，该项目被允许突破最小高度和占地面积的限制。尽管模块化施工有充足的尺寸范围可以进行

调整，但 Carmel Place 项目在某些区域依靠 38 mm 的建造容差来满足经济上可行的单元数目。采用传统的现场施工方法不可能实现如此严格的容差以满足建筑法规的规定。

3 宏观策略

Carmel Place 的单间公寓平均面积是 27.8 m²。新公寓在降低现行最小标准的同

时，建筑师们考虑了多种方法来弥补建筑面积的减小。他们发现，人们对感知垂直维度的细微差异比水平维度更精确。例如，大多数人可以注意到 1.67 m 与 1.75 m 高的人的区别，但大多数人不会注意到 3 m 与 3.12 m 宽的房间的区别。与最低标准 2.4 m 的净高相比，微型公寓的高度为 2.95 m，从而可以在厨房和卫浴间的上部增加额外的储藏空间。因此，虽然房间面

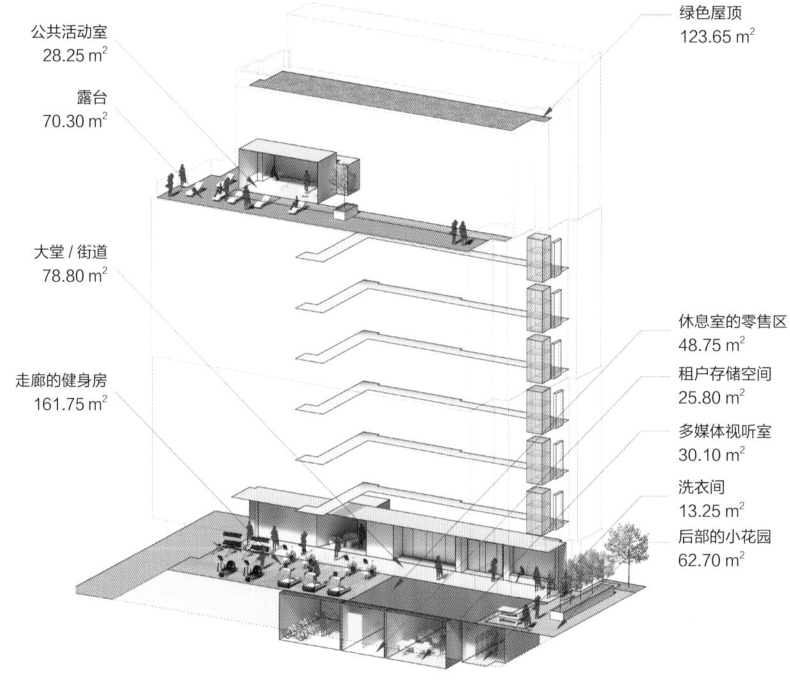

公共活动室
28.25 m²

露台
70.30 m²

大堂 / 街道
78.80 m²

走廊的健身房
161.75 m²

绿色屋顶
123.65 m²

休息室的零售区
48.75 m²

租户存储空间
25.80 m²

多媒体视听室
30.10 m²

洗衣间
13.25 m²

后部的小花园
62.70 m²

| 图 5, 图 6 | 图 8 |
| 图 7 | 图 9 |

图 5　Carmel Place 的微型公寓房间面积比传统单间减少了 25%，但房间容积只减少了 10%
图 6　因为净高的增加和难以察觉的水平尺度减少，以及光照和通风的特意设计，公寓显得极其宽敞
图 7　Carmel Place 的公共空间轴测分析图
图 8　Carmel Place 剖面图
图 9　Carmel Place 典型平面。每层楼有 8 个单间，5 种不同尺寸的户型

积减少了 25%，但房间容积只减少了 10%（图 5）。同样，每间公寓都包括 2.4 m 高、1.8m 宽的移门和朱丽叶式阳台，该做法使得居住空间的光照和通风值超出规范标准 50%。加上净高的改变，这些策略最大限度地增加了感知空间，从而使公寓产生了惊人的宽敞感（图 6）。

为增加租户对家庭的感知，建筑师强调扩大公共便利设施的比例，使其在每一层都大于租客的租住空间。通过在整栋楼内布置便利设施，这些公共活动空间有助于鼓励日常非正式的社交活动，以及增进邻里关系（图 7）。租客们可以根据需求选择在哪里休息和工作——宽敞的大厅设有休息区，室外的休息区配有电源插口，8 楼和地下室有公共活动室，健身房则突显出单身年轻人对于健康生活方式的追求，公共活动室和露台也同样提供了额外的便利设施，如烧烤架、台球桌、游戏机、大屏电视，以方便社交活动。公寓管理部门也会定期在这些活动场所组织针对租户的社交活动。相应的建筑策略是使人们感知到由微观生活组成的生活体验。Carmel Place 的四个细长"迷你塔"被认为是城市天际线的缩影，这将微型公寓的概念与建筑形式联系起来，成为该建筑的特有特征（图 2）。

4 微观限制和宏观优势：模块化施工

到目前为止，Carmel Place 是曼哈顿地区最高的由自支撑模块单元建造的建筑，共包含 65 个单独的钢结构和混凝土框架模块，其中有 55 个公寓单元模块和 10 个楼梯电梯井模块。每一个模块代表了一个公寓的边界，以及走廊的一部分。这些模块在垂直方向上由每个柱子和走廊相互连接。建筑系统的连接是在走廊内进行的。该建筑"最原始"的空间允许在现场进行装配，包括供水、排水、暖通、电气和消防安全设施。楼梯井在装配时没有台阶，随着建造进行，楼梯模块用吊塔被一层层堆叠。8 个微型公寓通过 5 个不同的尺寸和方向构成典型平面（图 8，图 9），这个系统允许建筑师通过有选择地重复户型布局，从而增加小户型住户的选择范围。

这些模块在布鲁克林海军造船厂制造，然后运输至曼哈顿，通过节省废料、节约运输资源、使用当地供应商等手段，大大减少碳排放。该建筑正在申请 LEED（领先能源与环境设计）银牌认证。模块化制造使建造过程更加易于控制和透明，同时便于认证文档的材料准备。该过程还允许在完成生产线制造之前，生产制造完整的模块单元，以发现潜在的施工问题、进行空间布局调整、测试严格容差的可行性。在模块离开工厂之后，大多数表面材料、设备、窗户均已到位，只剩下电气、地板、贴面的工作需要在现场完成。只需要 3 周半即可完成模块单元的装配，这大大减少了对高密度住宅社区的干扰，同时缩短了施工时间。

"微观"（micro）这个词容易引发人们的臆断，以为会导致低质量的施工从而影响租户，而且长远看来似乎会带来维护和持久性的问题。然而，模块化施工可以从本质上避免这些消极影响。因为钢柱嵌入配线墙壁中，双层墙和楼板组件可以提供极优的结构刚度和声学隔离。公寓提供了多达 7 个不同的便利设施区域和社交区域，旨在帮助租客获得良好的休息空间。与可怕的"宿舍"环境相比，该公寓在不牺牲私人空间的前提下实现了高密度设计。

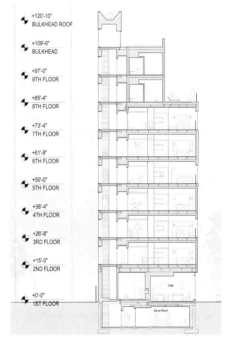

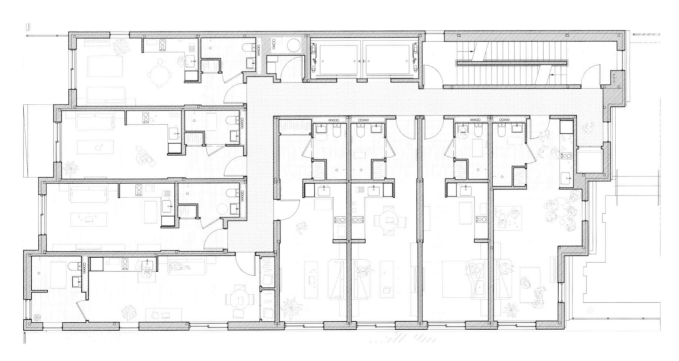

5 对比案例：香港——微型公寓之城

作为应对现代住房供给挑战的典型城市，香港的密度是纽约的1.5倍（按实际建成的用地面积计算）（基于香港人口普查、纽约人口普查）。香港只有2%的可建用地可以作为公共空间。认识到这点，香港市政规划部门最近发布了《香港2030+：跨越2030年的规划远景与策略》（简称《香港2030+》），计划将开发更多的公共空间，包括将道路转变为人行道路和表演集会区。然而，《香港2030+》的蓝图并未符合住房需求的发展空间（Zhao，2016）。土地成本通常占整个项目成本（包括施工成本和软性成本）的三分之二，这种高土地成本的宏观压力推动着住房开发向着高密度和高效率的方向发展。通常而言，90%（可租/可售的私人空间与需分摊交通和便利设施的面积之比）的空间需被用作有效空间，设计师没有足够的空间留给社交或公共空间。

与美国相比，香港的公寓没有严格的管制，除了净高不小于2.5 m外，没有最低面积的要求。鉴于水平方向扩张的经济压力，实现高度的增加会更加可行。无论是通过架空作为存储空间，还是用作阁楼休息，利用垂直方向的空间已经成为一种标准。香港建筑部门允许建造高密度住宅楼，约是纽约标准密度的2倍。光照要求在城市之间是大致相当的，但是香港的通风要求超过纽约25%。最明显的区别是，香港不需要提供"无障碍设计"，浴室和厨房只需满足施工和维修的需求即

可，因此可以设计出更小更有效的布局（图10）。

形成这种城市规划的另一因素是当地政府在拍卖中出售土地，以此作为政府收入。这种以市场为导向的做法，以及对建筑条令的修改，改变了香港的城市布局，使得它在有限的土地上由越来越多的高塔式建筑组成（Cookson Smith，2011）。开发商通常买下一系列老的小面积土地，之后整合并开发为大规模的单一用途的综合体。面对这种突兀的高塔式建筑，以及香港街头特有的民间活动及生活模式，建筑师应该怎样去调解两者之间的关系呢？

坐落在西营盘的一个老住宅区内，有一栋住宅塔楼Artisan House，30层、130 m，包括3层商业空间——以庞大的体量占据了第6—8层，以及点式塔楼。该项目基地原由7个单独的地块组成，周边均为小商铺，后经开发商统一整合购买。为了保留曾经带有狭小底层商铺的这

一街区的历史文脉，建筑师采用多种方法缓和大型的塔楼带来的冲击。塔楼在垂直方向上设有中庭，以呼应以往那些历史商业空间的尺度（图11，图12）。广阔的绿植幕墙有利于抵御高密度的影响，并且提升街道环境和空气质量（图13）。香港的潮湿气候有利于植物生长，但是对钢材不利（其容易出现渗水及生锈的问题），因而该建筑采用了混凝土作为典型的施工材料。混凝土结构支柱的厚度为500~700 mm，长细比为1:11。为了最大化内部空间，混凝土上覆盖了一层薄石膏，这是最薄的涂层材料，用以替代其他的墙壁组件。最后，每个阳台下部都装有反光铝板，用来反射下面的街道环境。这样，该建筑将高层住宅与社会空间联系起来，并保证了街道的活跃度。

6 极小之美

对于微型公寓，设计师和开发商都表

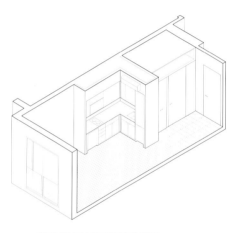

CARMEL PLACE 住宅单元轴测图

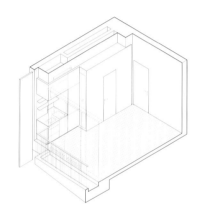

HONG KONG 住宅单元轴测图

> 香港不需要提供"无障碍设计"，浴室和厨房只需满足施工和维修的需求即可，因此可以设计出比纽约更小更有效的布局。

图10 因为关于无障碍设施、净高、通风的法规不同，纽约的 Carmel Place 单间尺寸（左）与香港的 Artisan House（右）是不同的

图11 香港的传统商铺给微型公寓塔楼提供尺度参考

图12 Artisan House 街景仰视图。展示（因为露台而产生的）开窗方式的变化、空中花园、公寓

图13 公共空间挑高，Artisan House，香港

现出对重建共享空间的兴趣。目前，技术已经实现并可以促进"共享经济"，其中个人拥有的价值越来越少，共有的工具、服务和体验越来越多。与此同时，微型公寓不应只被当做一个紧凑的住宅单元，还要发现其分享经验的优势。最大化内部空间的同时充分利用共享空间，可以平衡高密度带来的邻里活动设施的不均衡性。因此，为了平衡人口、住房和生活模式，微型 – 宏观住宅是城市保持其基本多样性的一种方法，

参考文献

HONG KONG CENSUS. 2017. www.censtatd.gov.hk

COOKSON SMITH P. The Culture of Compactness: Dimensions of Density in Hong Kong[J]. CTBUH Journal, 2011(I): 34–39.

HONG KONG 2030+. 2017. www.hk2030plus.hk/.

NYC PLANNING. 2017. www1.nyc.gov/site/planning/ data-maps/nyc-population/page.

PERINE J, WATSON S. One Size Fits Some[EB/OL].2011-02[2017-05]. http://www.chpcny.org/wp-content/uploads/2011/02/One-Size-Fits-Some.pdf.

PERRY M. 2016. New US Homes Today are 1 000 Square Feet Larger than in 1973 and Living Space per Person has Doubled[EB/OL]. [2017-05]. http://www.aei.org/ publication/new-us-homes-today-are-1000-square-feetlarger-than-in-1973-and-living-space-per-person-hasnearly-doubled/.

ZHAO S. Planning Chiefs Reveal Vision for More Public Space in Heaving Hong Kong[N]. South China Morning Post, 2016-12-31.

（翻译：张亚菲）

海湾地区高层住宅的建筑能效提升

文／Noura Ghabra Lucelia Rodrigues Phillip Oldfield

过去 40 年中，海湾合作委员会成员国的能源消费量持续增长，仅住宅建筑业就占了所有净能源消耗的 50％ 以上，其中的一半是由于使用空调降温所致，愈发严格的建筑规范激发了更好的建筑设计，可以大幅度减少使用该能源。在本研究中，作者对海湾地区适用于高层住宅的现行建筑节能法规进行了回顾、评价与比较，旨在理解并讨论主要的挑战、机遇以及正处在开发、部署阶段的新策略。

关键词：建筑规范，能源效率，幕墙

作者简介

Noura Ghabra

Lucelia Rodrigues

Phillip Oldfield

Noura Ghabra 自 2008 年起任沙特阿拉伯阿卜杜拉齐兹国王大学讲师。Ghabra 在诺丁汉大学攻读研究生，获得环境设计方向建筑学硕士学位。目前她正在完成关于海湾地区高层建筑环境可持续性的博士研究。

Lucelia Rodrigues 是诺丁汉大学建筑与建筑环境系副教授，主要关注环境设计与可持续性。她对社区与建筑物在气候变化中的应变能力特别感兴趣，是诺丁汉大学可持续与适应型城市研究领域的学术带头人。

Phillip Oldfield 是新南威尔士大学建筑与设计学院的高级讲师。Oldfield 负责协调建筑学硕士研究生课程中的"建筑与高性能科技"（Architecture and High-Performance Technology）小组，也负责研究生的设计课程，探索可持续的超高密度与高层建筑。Oldfield 的著作《可持续高层建筑：设计入门》（*The Sustainable Tall Building: A Design Primer*）即将于 2017 年底由泰勒 – 弗朗西斯出版集团（Taylor & Francis）出版。

Noura Ghabra，博士研究生
Lucelia Rodrigues，博士，副教授
诺丁汉大学建筑与建筑环境系（Department of Architecture and Built Environment，University of Nottingham，University Park）
Nottingham NG72RD，United Kingdom
t：+44 77 6066 2504，44 11 5951 3167
e：laxng5@exmail.nottingham.ac.uk；
Lucelia.Rodrigues@nottingham.ac.uk
www．nottingham.ac.uk
Phillip Oldfield，博士，高级讲师
新南威尔士大学建筑与设计学院 [School of Architecture & Design，The University of New South Wales (UNSW)]
Sydney，NSW 2052，Australia
t：+61 431 429 749
e：p.oldfield@unsw.edu.au
www.be.unsw.edu.au

1 导论

尽管拥有约 30％ 的世界已探明石油储量和 22％ 的世界已探明天然气储量（数据来源：英国石油公司，2016），在人口快速增长、大型多元化规划和大规模工业化建设的驱动之下，包括巴林、科威特、阿曼、卡塔尔、沙特阿拉伯和阿拉伯联合酋长国（以下简称"阿联酋"）在内，六个海湾合作委员会（以下简称"海合会"）成员国的能源需求量在过去几十年中急剧增加。颇具讽刺意味的是，这些项目致力于摆脱经济对石油的依赖，却可能造成更多的能源密集型开发，反过来需要更多的化石燃料消耗。结果，根据联合国统计司（United Nations Statistic Division）2007 年的数据和"气候数据分析指标工具"（Climate Analysis Indicators Tool，即 CAIT，由世界资源研究所发布）的研究情况，海合会成员国位列世界人均二氧化碳排放量排名前 25 名国家名单，从而进一步强调了生态现代化和环境改善的必要性（Lahn 等，2013）。

海湾地区的快速发展同样与高层建筑密切相关，在海合会成员国不断成长的城市中，高层建筑强化了全球性场所营造和国际旅游的关键作用，其中的典型案例是人们争相建造世界第一高楼——起初是阿联酋的哈利法塔（Burj Khalifa），如今是沙特阿拉伯的吉达塔（Jeddah Tower）。尽管在该地区炎热的沙漠气候下，这种高密度建筑类型被认为具有必要性，以此避免无序扩张、减少能源和效率的损失（Hammoud，2016），但易于获得的廉价能源却造就了大量以全玻璃幕墙为特征的高层建筑。它们的实施未曾考虑文化背景，也不符合基本的能源效率规范（Meir 等，2012）。

2 经济与能源背景

20 世纪 30 年代，石油在海湾地区被发现。此后，它成为海合会成员国的国家与能源安全所依靠的对象。20 世纪下半叶，对该地区广大油藏的开采引发了同时存在于城市和乡村中的前所未有的现代化与工业化。这种快速发展导致人口骤然增长，国民收入显著增加，反过来形成对住房的迫切需求。其结果是，城市与建成环境的决策处在越来越大的压力下，没有时间对规划或设计概念进行反复推敲。与此同时，充足的空气调节系统和具有经济

图1　2010年海湾合作委员会成员国能源消耗种类
简要分类
数据来源：Lahn等（2013）

图2　沙特阿拉伯总能源供应分类，它说明了51%
的最终用电是如何被住宅业消耗的
数据来源：Lahn等（2013）

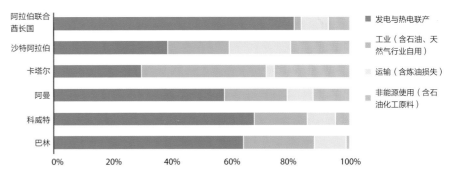

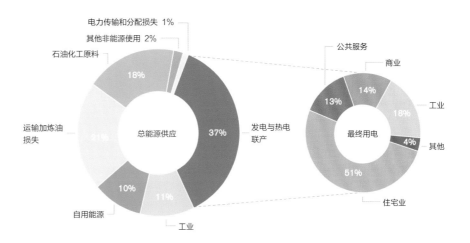

效益的批量生产使新建筑成为可能，取代了在气候与文化方面更为合宜的本土建筑。此后，20世纪90年代末及21世纪初的经济增长带来了超大规模的项目和塔式建筑，符合多元化规划的目标，旨在减少对石油收入的依赖（Bahaj等，2008）。这种积极的建设在阿联酋的迪拜、阿布扎比以及卡塔尔的多哈最为显著，它们以疯狂的速度发生着，却没有时间去研究，也来不及意识到建造对环境的影响。于是，可持续发展的问题一直被忽视。其结果是在2011年，海合会成员国的石油与天然气消耗量近乎于印度尼西亚和日本的消耗量之和，超过了整个非洲大陆，但它们的人口数量仅为非洲的5%（Lahn等，2013）。而且，这种高耗量正在不可避免地上升，预计到2030年将增加至3倍，其中，沙特阿拉伯因为比其他国家拥有大得多的人口数量和土地面积，将成为最大的能源消耗国。由此可见，严格的能源效率政策干预势在必行（Lahn等，2013）。

如果想了解恰当的设计干预措施，很重要的一点是调查每个国家的能源使用情况。图1所示为各海合会成员国能源消耗的简要分类，分为四个主要部分：发电与热电联产、工业、运输以及非能源使用。该分类图显示，发电量的损耗（主要用于空调和水的生产）占据能源消耗的很大一部分（Alnaser & Alnaser，2011；Lahn等，2013）。

针对能源消耗模式，图2说明在沙特阿拉伯，37%的总能源消耗来自发电与热电联产，而其中，住宅业使用了51%的这种一次能源。它清晰表明房屋与居住建筑消耗了全国净能源的一半以上，空调使用占据很大的部分。在沙特阿拉伯，制冷耗能占住宅业用电量的70%以上，

大约是全年总用电量的40%（数据来源：RCREEE，2015。RCREE即Regional Center for Renewable Energy and Energy Efficiency，区域可再生能源和能源效率中心）。因此，可以将建筑业，特别是住宅业，作为提升能源效率的关键领域，同样会对本地区的经济起到重要作用。例如，除了会带来明显的地方环境效益外，减少国内化石燃料的使用意味着可以出口更多的石油和天然气。

根据这些情况，自2009年以来，全球可持续发展意识的提高开始影响海合会成员国的决策者与开发商。在强调要向具有可持续性的能源转型的清洁能源目标和能效战略方面，取得了有目共睹的卓越成效，也反映出政府越来越多地关注国内能源的消耗状况（Lahn等，2013）。提高建筑能效是海合会成员国同意开展合作计划的一项领域，它们在建立共同的建筑标准方面取得了进展，同时考虑到了普遍的气候和社会文化因素。试点研究和实践表明，建成环境及配套建筑规范对海湾地

区恶劣气候的适应而非对抗，带来了迄今为止最为显著的能源节约成效。与现有平均值相比，改变后的已有建筑物能源需求量下降了60%，新建建筑物则达到70%（数据来源：RCREEE，2015）。然而，由于政府官僚体制的挑战，意识、信息、执行力、市场激励方面的缺失，以及不可预测的政治支持等因素，这些未成体系的节能行动基本是无效的。因此，各职能部门、市政机构与电力局之间的相互合作至关重要，能够强化这些共同的建筑标准得以执行。

3　海湾地区的住房和高层建筑

尽管海合会成员国庞大的化石燃料储量曾经引发经济快速增长，但正是从石油走向多元化的愿望推动了近期前所未有的房地产开发热潮（Hammoud，2016）。除城市人口数量上升之外，集中的经济、工业、行政活动吸引了越来越多的国内外参与者（Al-Shihri，2016），带动了海合会成员国的建筑业蓬勃发展，多达500万套

住宅正在建设中，使之成为全球规模最大、增长速度最快的建筑市场之一。高速发展也与全球性场所营造以及国际旅游业密切相关，其中高层建筑发挥了至关重要的作用，引发建造世界最高楼的竞赛，以此作为创造价值与身份认同的机制（Hammoud，2016）。

从海湾地区的高层建筑沿革上看，观察分析的结果呈现出三或四个历史阶段，与该地区的经济浪潮相关，建筑的立面设计是最为显著的变化元素（图3）。最早的高层建筑始建于20世纪70年代初至90年代初，即持续的石油繁荣时期。在第一代建筑中，开窗洞的坚实立面设计成为主流，也算是有利于海湾地区城市的炎热气候。

高层建筑的第二阶段是20世纪90年代下半叶至21世纪初，与海合会成员国的多元化计划相对应，因为该地区的许多主要城市试图将自己重塑为具有现代企业式管理风格的重要的国际化胜地。这带动了超大规模项目的建造，在阿联酋尤为显著。高层建筑建设的速度飞快，立面设计的做法有半透明的、部分玻璃幕墙或全玻璃幕墙的，因其高度耗能、完全依赖大量机械空调而受到全球性非议，成本低廉的化石燃料发电是其动力来源（Elkadi，2006）。

目前，第三阶段的高层建筑代表着全球对建筑可持续发展和能源效率的认识。这些业已出现的新高楼自称是"绿色的"、"环境友好的"，能够响应气候状况。立面设计似乎是其控制环境的主要策略，无论是先进的遮阳系统、玻璃幕墙的朝向、相

应的透明度及不透明度，还是双层幕墙的技术。

这种高层建筑类型旨在推动旅游业，被引入到海湾地区的许多城市，酒店与住宅楼也因此成为该区域内建筑市场的主导者（Bahaj等，2008）。以迪拜为例，它拥有中东地区的大部分高层建筑，在其超过150 m的高楼大厦中52%是住宅。若算上31座有居住层的混合功能塔楼，则有超过70%的150 m以上高层建筑可供居住使用。

而在沙特阿拉伯的吉达，56%的高层建筑是住宅或具有居住层，对高层住宅公寓的需求也有所增加，特别是在滨海大道（Corniche）沿线可以向城南、城西以及红海以西处远距离俯瞰的地方（Hammoud，2016）。在平衡市场对景观的需求和防止立面受强烈日光照射方面，这些建筑物表现出不同程度的成功（图4—图7）。尽管该地区的大多数高层建筑都是居住类型的，却少有研究关注该建筑类型的环境效能，由此可见，评估这种类型如何应对海湾地区富有挑战性的炎热气候是很重要的。

4 海湾地区的建筑节能规范

建筑规范条例如果能适应于任何地区的当地气候，则标志着达到了切实有效的节能减排要求。然而，在海合会成员国中，阿联酋和卡塔尔采用了最为先进的建筑节能法规，开发出应对可持续性和标准化问题的专有规范，并同时符合建筑物的国际标准。阿布扎比的"Estidama珍珠评级体系"（Pearl Building Rating System，

PBRS）（译者注：Estidama在阿拉伯语中的意思是"可持续性"）于2010年开始实施，是海湾地区首个借鉴国际最佳实践以适应当地气候条件和社会需求的案例。卡塔尔开创了"全球可持续发展评估体系"（Global Sustainability Assessment System，GSAS），其中将能源与用水的效率基准化，并纳入六星评级体系。尽管沙特阿拉伯已快步紧跟上来，但巴林和阿曼仍未曾明确要发展绿色建筑。此外，正如前文所提及的那样，海合会成员国已同意采用共同的节能条例，它所依据的现有规范在各国相关权威机构的密切合作下达成，并可能大量参考"全球可持续发展评估体系"和"珍珠评级体系"（Lahn等，2013）。

4.1 迪拜：绿色建筑规范条例（Green Building Regulations and Specifications，简称GBRS）

阿联酋政府已在集中力量改善作为国家能源消费主体的建筑业，并意识到能效规范在降低能耗方面所发挥的重要作用。2010年4月，迪拜的水力电务局基于"规范制度"而非"评级体系"发布了第二阶段的"绿色建筑规范条例"，其中考察了建造过程的各个方面，并对一定等级的成果给予"分值"或"积分"作为奖励。该条例并非强制性地适用于公共与私人建筑物，但对所有新建的政府大楼都有硬性要求。"绿色建筑规范条例"具有迪拜特色，与当地的气候条件密切相关，旨在将迪拜的建筑规范与可持续发展更广阔的图景建立联系。该规范提出应当减少能源、水和材料的消耗，改善公共卫生、安

第一代高层建筑

| 迪拜世界贸易中心（Dubai World Trade Tall Building），1979 | 国家商业银行大楼（National Commerce Bank），吉达，1983 | 伊斯兰开发银行大楼（Islamic Development Bank），吉达，1983 | 第二代高层建筑 | 第三代高层建筑 |

图3　海湾地区的三代高层建筑。请注意第一代具有更坚实的立面设计，第二代呈现出完全的透明性，第三代则在立面设计中将玻璃窗和遮阳技术相结合

图4　迦哇拉塔（Al Jawhara Tower），吉达

图5　滨海梦想酒店（Corniche Dreams），吉达

图6　玛萨拉特塔（Masarat Tower），吉达

图7　商务园区总部大楼（The Headquarter Business Centre），吉达

© Batley Partners International

全与民众福利，此外，还应增强建筑的规划、设计、建设及运营水平，从而提升建筑性能。

"绿色建筑规范条例"的主要优点在于可以在线访问并获取，而且具有灵活性，既可适应于惯常的基本方法，又能基于仿真模型进行性能评估。规范向设计师、建筑师、开发商和承包商清晰地传达信息，逐条解释各项条例的原因及益处，对可持续性、环境、能源效率及用户舒适度的影响。最后一点，这些规范对极高的建筑物不加限制，也不针对高层住宅设计，却能适用于大多数建筑类型，涵盖可持续建筑设计的诸多方面，明确而直接地

解释了规范实施背后的意图与效益。此外还有一些技术数据和条例，用于指导参与建筑施工的各方（迪拜市政府，2011）。

4.2 阿布扎比：珍珠评级体系

阿布扎比政府启动了"Estidama 项目"，作为"阿布扎比 2030 年计划"（Plan Abu Dhabi 2030）城市总体规划的一部分，它将可持续发展作为核心原则 [Abu Dhabi UPC（Abu Dhabi Urban Planning Council，阿布扎比城市规划委员会），2010]。"珍珠评级体系"是"Estidama 项目"的关键举措之一，它与其他的鼓励性评价工具相仿，如"绿色能源与环境设计先锋奖"（Leadership in Energy and Environmental Design，即 LEED）和"建筑研究院环境评审法"（Building Research Establishment Environmental Assessment Method，即 BREEAM），但是该体系细化到多方面，预计将被纳入当地的建筑法规（Meir 等，2012）。"珍珠评级体系"旨在应对全生命周期中特定发展阶段的可持续性，从设计、施工到运营，为项目的潜在能效提供设计指导和详细要求，其性能与环境、经济、文化与社会，即 Estidama 的四大支柱有关。该评级体系由两种类型的分值组成：每个提请"珍珠评级"的项目都须满足"必要"项分值（"required"credits）要求，达标不能获取相应积分，而"可选"项分值（"optional"credits）适用于非强制的性能要求，从中可以获取积分。

分值与评定结果取决于设计开发团队所追求的"珍珠评级"水平，随项目的不同而不同。为取得"一级珍珠评级"，需满足所有强制性的分值要求。从 2010 年 9 月开始，所有新建建筑物都必须达到"一级珍珠评级"，而所有受政府资助建设的建筑物都应至少满足二级评定要求（Abu Dhabi UPC，2010）。与迪拜的"绿色建筑规范条例"相类似，"珍珠评级体系"的文件可以在线访问和获取，尽管是一套排名体系，它们也对阿布扎比的所有建筑类型设定了性能要求的最低标准，其中包括多层住宅建筑，这样既能融合执行强制性要求所带来的益处，又提供了灵活可选的改进标准。"珍珠评级体系"同样认可建筑规范条例的惯常方法和性能评估。但

与迪拜"绿色建筑规范条例"所不同的是，"珍珠评级体系"中的能源要求并不针对阿布扎比，它们遵循美国供暖制冷空调工程师学会（American Society of Heating, Refrigerating and Air-Conditioning Engineers, ASHRAE）的标准，并没有制订具体的能源绩效目标。

4.3 卡塔尔：全球可持续发展评估体系

2013 年，海湾研究与发展组织（Gulf Organization for Research and Development, GORD）引入"全球可持续发展评估体系"框架，原名为"卡塔尔可持续发展评估体系"（Qatar Sustainability Assessment System）。它对区域性及国际知名的 40 个不同评级体系的最佳实践加以借鉴，由此发展而来，以创造具有可持续性的建成环境，最大限度地减少生态影响，同时满足具体的区域需求、环境状况、文化背景及相关政策（GORD，2017）。该评级体系的测试是基于性能的且可被量化，根据卡塔尔的特定情况与要求进行定制（Meir 等，2012）。它已被纳入"2010 年卡塔尔建筑标准"（Qatar Construction Standards 2010），如今所有私营和公营项目都必须获得"全球可持续发展评估体系"的认证（Zafar，2017）。

"全球可持续发展评估体系"有许多计划与类型来评估商业建筑（主体结构、表皮及核心设备的基本建造）、住宅楼（独户住宅单元、多户住宅单元和高层公寓）、教育楼宇、清真寺、酒店、轻工业和体育设施、公园和地区规模的项目。

"全球可持续发展评估体系"的标准分为八大类：城市连续性、场地、能源、水、材料、室内环境、文化与经济价值、管理与运营。这些类别通过相关的可量化测试被分解成特定的标准，定义各自的问题，从而衡量项目所造成的影响。"全球可持续发展评估体系"被认为是世界上最全面的绿色建筑评估系统，其所有的信息和文件都可供公众查阅。最重要的一点是，该体系与其他当地建筑规范和评级体系有所不同，它对建筑能耗预测进行整体分析，并设定了能效目标，同时涵盖对该地区住宅高层建筑的评估。这使正处于改进与调整中的"全球可持续发展评估体系"被其他海合会成员国采用，成为一项区域性的绿色建筑规范。

4.4 沙特建筑节能规范要求（The Saudi Building Code Energy Conservation Requirements，即 SBC601）

沙特建筑规范（The Saudi Building Code, SBC）是在国际规范委员会（International Code Council, ICC）标准的基础上设立的，于 2007 年出版，其中包括基于国际节能规范（International Energy Conservation Code, IECC）的"沙特建筑节能规范要求"。该规范通过建筑围护结构设计，高能效机电系统、供水加热、配电、照明系统和设备的选择与安装等，为节能性建筑设计制定了适用于惯常方法和性能相关的最低标准 [SBCNC（Saudi Building Code National Committee，沙特建筑规范国家委员会），2007]。"沙特建筑节能规范要求"对住宅建筑（独栋的一户与两户房屋及联排别墅）和商业建筑这两种建筑类型进行考量，其规定，不论房屋有多少层作为居住类使用，楼高在地上 4 层或以上的楼宇均被视为"商业建筑"。因此，无论其实际功能如何，所有高层均被列为商业建筑。该方法由一个"可接受的实践"（acceptable practice）所确立，以窗墙面积百分比为依据，为接受评估的建筑围护构件设立特定标准。然而，商业和居住建筑类型对功能和环境的要求在用户使用模式上存在差异，这会影响内部热增益和对温度、视觉舒适度的要求。因此，对不同类型的建筑采取相同围护结构标准的做法受到了质疑。

与此同时，自 2007 年以来，吉达市政府一直在探索高层建筑设计的指导方针，特别是在宣布将兴建超过 1 000m 高的吉达塔之后。2013 年，"高层建筑规范和技术要求指导方针"（Guidelines for Tall Buildings Specifications and Technical Requirements）最终版得以提出，旨在发展一套整体而连通的城市架构，为吉达勾画出独一无二的天际线。该目标通过高层建筑营造有吸引力的环境，其中有积极而成功的开放式公共空间与步行区，同时在后勤、交通运输和环境影响方面降低高层建筑对周围空间的影响。

5 比较与讨论

这里综述了海湾地区的四种当地节能建筑规范，以此进行评估和比较，表 1 总

> "沙特建筑节能规范要求"规定，不论房屋有多少层作为居住类使用，楼高在地上 4 层或以上的楼宇均被视为"商业建筑"。因此，无论其实际功能如何，所有高层均被列为商业建筑。

表 1　海湾地区地方节能建筑规范比较

文件	达标方法	执行方式	工程参数	设计参数	能源绩效目标方面	备注
沙特建筑节能规范要求（沙特阿拉伯）	惯常方法和性能评估	强制性的	玻璃窗的太阳能得热系数（Solar heat gain coefficient, SHGC）和传热系数 U 值（U-value），非透明构件的传热系数基于窗墙比（glazing ratio）和制冷度日数（cooling degree-day, CDD）	无	无	参考美国供暖制冷空调工程师学会对工程参数的标准 90.1-2007
绿色建筑规范条例（迪拜）	惯常方法和性能评估	对政府大楼有硬性要求，非强制性适用于公共与私人建筑物	玻璃窗的遮阳系数（Shading Coefficient, SC）、可见光透射率（Visible Light Transmittance, VLT）非透明构件的传热系数基于窗墙比	对外遮阳设备进行考虑	无	针对迪拜的气候条件和需求
珍珠评级体系（阿布扎比）	性能评估	对所有建筑有强制性的最低要求，对政府大楼有附加要求	纳入美国供暖制冷空调工程师学会标准 90.1-2007 的附录 G（Appendix G）所总结的建筑性能评定方法（Building Performance Rating Method）	作为额外的分值（非强制性），前文对设计所需考量的几个方面有所提及，包括朝向、窗墙比和外遮阳	与美国供暖制冷空调工程师学会的标准 90.1 相比，能效至少提升 12%	提供了一种与高层建筑无关的常规方法
全球可持续发展评估体系（卡塔尔）	性能评估	强制性的，所有私营和公营项目都必须获得"全球可持续发展评估体系"的认证	输入"能源效率计算器"（Energy Performance Calculators）的数据	有所考虑	住宅建筑能源需求绩效基准参考值，为 121 kW·h/（m²·年）	针对卡塔尔的气候条件和需求

结了在达标方法、执行方式、工程与设计参数、能源绩效目标方面的主要结论。

一般情况下，如果强制性的建筑节能规范得以正确施行，则可以强力促进建筑业中的建筑师、房地产开发商和建筑公司将可持续和节能方案整合到建筑物中。然而，地方性的标准仅仅适用于新建建筑物，且往往执行不力。相反，应当推行适用于所有建筑物的强制性规章制度，确保它们都能采取基于可持续发展的举措。市政府素来对规范的施行负有责任，却时常缺乏足够的财力与人力资源，尤其是因为需要通过升级建筑行业内的技能、知识和专业能力才能依据能效标准对建筑进行设计、建造和改造（Lahn 等，2013；RCREEE，2015）。

海湾地区的许多城市正在投资高层住宅楼，这一新趋势构成了一种关注可持续设计的建筑范式转型，并代表着新一代高层建筑的出现，它们可以为居住者提供高性能的系统、高品质的材料、更为出色的室内设计（Al-Kodmany，2016）。然而，建筑节能的推广面临挑战，这些实践只存在于海湾地区少数引人注目的高层项目中。唯有借助于强制性节能建筑规范，并为开发商提供更大的激励，才能使更具可持续性的建造成为可能。

参考文献

[1] ABU DHABI URBAN PLANNING COUNCIL (UPC). Pearl Rating System[EB/OL].2010[2017-05-05]. https://estidama.upc.gov.ae/pearl-rating-system-v10.aspx.

[2] AL-KODMANY, K. Sustainable Tall Buildings: Cases from the Global South[J]. International Journal of Architectural Research,2016, 10 (2): 52–66.

[3] AL-SHIHRI, F. Impacts of Large-scale Residential Projects on Urban Sustainability in Dammam Metropolitan Area, Saudi Arabia[J]. Habitat International, 2016(8): 201–211.

[4] ALNASER W E, ALNASER N W. The Status of Renewable Energy in the GCC Countries[J]. Renewable and Sustainable Energy Reviews, 2011, 15(6): 3074–3098.

[5] BAHAJ A S, JAMES P A B & JENTSCH M F. Potential of Emerging Glazing Technologies for Highly Glazed Buildings in Hot Arid Climates[J]. Energy and Buildings, 2008, 40(5):720–731.

[6] BP. BP Statistical Review of World Energy[M].London: BP, 2016.

[7] CTBUH.CTBUH Skyscraper Center[EB/OL]. [2017-06-14].www.skyscrapercenter.com.

[8] DUBAI MUNICIPALITY. Green Building Regulations and Specifications Practice Guide[S]. Dubai: Dubai Municipality, 2011.

[9] ELKADI H. Cultures of Glass Architecture[M]. Aldershot: Ashgate Publishing, 2006.

[10] GULF ORGANISATION FOR RESEARCH & DEVELOPMENT (GORD). GSAS: Global Sustainability Assessment System[EB/OL]. 2017 [2017-05-05]. http://www.gord.qa/gsas-trust.

[11] HAMMOUD M. Saudi Arabia, Jeddah City, and Jeddah Tower[C]// Antony Wood, David Malott & He Jingtang. Cities to Megacities: Shaping Dense Vertical Urbanism. Chicago: CTBUH, 2016: 387–393 .

[12] LAHN G, STEVENS P & PRESTON F. Saving Oil and Gas in the Gulf[M]. London: Chatham House, 2013.

[13] MEIR I, PEETERS A, PEARLMUTTER D, HALASAH S, GARD Y & DAVIS J. An Assessment of Regional Constraints, Needs, and Trends[J]. Advances in Building Energy Research, 2012, 6(2): 173–211.

[14] The Regional Center for Renewable Energy and Energy Efficiency (RCREEE). Arab Future Energy Index (AFEX) Energy Efficiency 2015[R]. Cairo: RCREEE, 2015.

[15] SAUDI Building Code National Committee (SBCNC). The Saudi Building Code[S/OL]. 2007[2017-05-05]. http://www.sbc.gov.sa/En/Pages/default.aspx .

[16] ZAFAR S. Green Building Rating Systems in MENA, EcoMENA[S/OL].2017[2017-05-05]. http://www.ecomena.org/tag/estidama/.

（翻译：王正丰）

方向：比例——高层建筑业界的女性之声

文 / Ilkay Can-Standard   Martina Dolejsova

作者简介

Ilkay Can-Standard   Martina Dolejsova

Ilkay Can-Standard 是建筑师和技术专家，GenX Design &Technology 公司的创始人。她的公司致力于建筑信息模型（BIM）的普及，利用高效而可靠的策略帮助建筑师、工程师和建筑公司向 BIM 转型，从而改变人们建造、建设城市的方式。作为纽约 CTBUH 青年专家委员会（YPC）的共同主席，Can-Standard 在建筑师、工程师、开发人员和学者之间开展了关于开发可持续建筑物和城市的公开对话。自从她联合创立 YPC 以来，这一组织从 30 人的规模增加到目前的 1 000 多人。Can-Standard 曾在 KPF 事务所担任多个国内外项目的副总监，并屡获殊荣。

Martina Dolejsova 目前担任 Studio Libeskind 公司的公关助理，她在哥伦比亚大学建筑、城市规划、历史保护研究生学院（GSAPP）取得理学硕士学位，研究领域为：建筑批评、策展和概念实践。她的硕士论文着重讨论了 20 世纪 90 年代以来的性别与建筑环境之间的关系，以及互联网技术对视觉传达与认知的初步影响。

Ilkay Can-Standard，创始人
GenX Design & Technology
169 Forest Hill Road
West Orange, New Jersey 07052 USA
Tel：+ 1 718 419 9179
Email：ilkstand@gmail.com
Martina Dolejsova，建筑学硕士，公关助理
Studio Libeskind
150 Broadway, 18th Floor
New York, NY 10038 USA
Tel：+1 212 497 9100
Fax：+1 212 285 2130
Email：mdolejsova@daniel-libeskind.com
www.libeskind.com

自 2016 年起，CTBUH 青年专家委员会着眼于高层建筑领域中女性设计师的典型作品，开展了一系列以此为主题的讲座并集结成册，"方向：比例"（ASPECT：RATIOS）便是这一项目的成果汇总。在一个男性主导的领域中，女性在工作中面临重重障碍与挫折，却鲜被提及。因此，CTBUH 邀请了一系列不同职务、不同学科的女性畅谈她们的经历和经验。我们提出了一些基础性问题，但并不侧重于某一主题。因此，我们的邀谈是非常具有开放性的。在收到的答复中，有谈及如何直面性别不平等的，也有强调自身角色重要性的。所有的讨论都指向一个目标：我们希望听到这些声音并能被大众关注。当下，随着越来越多的女性进入科技领域，她们的声音和对高层建筑行业的贡献比以往任何时候都更重要。

关键词：性别平等，专家观点，建筑，工程

引言

虽然有关高层建筑行业中女性工作者的确切数据很难有迹可循，但是本报告明确反映了女性在高层建筑行业所涉及的工作领域，以及各自的经验范围。Elena Shuvalova 提到"高层建筑行业中任何一个高级职位对女性而言都是一种挑战"，而 MaryAnne Glimartin 则进一步证明，担任领导角色的女性必须富有激情和极强的适应性。

作为建筑师 Norma Sklarek（1954 年首位获得执照的非裔美籍建筑师）的嫡系，Pascale Sablan 个性坚韧不拔，她致力于用建筑的语言改变社会，改善生活。而建筑师 Caroline Stalker 所倡导的城市与高层建筑理论则颇具地域性，专攻以澳大利亚东北部亚热带气候为特征的区域。Elena Mele 教授探讨了对于建筑的外观呈现，结构工程与创意概念的作用其实是平起平坐的。作为 SOM 的首席技术协调人，建筑师 Nicole Dosso 介绍了高层建筑"接地区"，这一连接基地（或结构平台）与主体建筑之间的部分在实施过程中难点重重。在数字化设计日趋普遍的今天，高层建筑依旧是一门艺术，对此，结构工程师关永萍（Wing-Pin Kwan）在自己的文章中指出了手工计算的重要性，它可以促进灵活性，快速思考和解决问题。建筑师 Sara Beardsley 表示，高层建筑设计既具有科学性，也具有艺术性，这恰与历史上曾倡导男人主攻科学而女人主攻其他方面相呼应。高层建筑的下一步发展方向何在？Helen Lochhead 教授认为，女性应当与行业中所使用的标准化专业语言保持距离，在人际交流与合作的过程中，适当的"离经叛道"会潜移默化地影响性别结构的改变。毋庸置疑，高层建筑的建设来自所有人的通力协作。当下，越来越多的女性正参与高层建筑工作的方方面面，她们的故事应当被更多的人知晓，流传后世。

Sara Beardsley, Adrian Smith + Gordon Gill 建筑事务所,芝加哥

您认为女性在高层建筑行业面临的最大挑战是什么？

AS＋GG 建筑事务所以超高层建筑和高度可持续项目著称,我作为该公司的一名建筑师,一直很幸运,能够在各种建筑类型（包括高层建筑）的设计和技术方面担任领导角色——与客户接触、行走四方,并汇报我们的工作。

女性面临的一大挑战是,从历史上看,与建筑领域的其他行业相比,高层建筑业吸引并保留的女性建筑师人才比例相对较少。这个问题可能与其他 STEM（科学、技术、工程和数学）领域所面临的类似挑战有关,因为高层建筑设计的科学性强于艺术性。然而,过去几十年来,高层建筑行业中涌现出越来越多的女性设计师与技术领袖,她们的作品被社会广泛认可,从而使得女性在高层建筑业中的弱势地位得到了极大的改善。

由于种种原因,所有领域都可能出现中层女建筑师的人才流失现象,但研究表明,"职业观念"（包括升职和机遇两方面中存在的有形或无形的天花板）是导致这一现象的主要因素。另一个因素则是工作与生活的平衡,这在高层建筑行业中显得尤为突出,特别是考虑到长时间工作和非正常加班,参与国际项目及其带来的各种出差。有鉴于此,在女性建筑师职业生涯的关键性时期——早期和中期,我们需要提供更好的指导和更多的鼓励,由此支撑她们改善职业观念,增加机遇,从而亦步亦趋地成为高层建筑领域中的领袖型专业人才。同样至关重要的是,对于各类大学生群体,也应给予充分的引导和鼓励,培养其对于高层建筑的兴趣,促使她们去学习并掌握各类适应巾场竞争的专业技能。

根据您作为专业人士所学到的知识,回首过去,您觉得应当如何改进您学科领域中的教学内容？

我遇到过许多即将毕业或已经毕业的同学,他们从来没有想过他们希望进入什么类型的公司,也不曾考虑自己的职业生涯中希望经历什么类型的项目。虽然大学课程应该始终努力培养全面型的建筑师,但在本科的最后几年,学校也应为学生提供更多的机会去接触建筑学范围内的各个学科,与各行业专家进行交流,从而为将来的工作做好充分的准备,为自己职业生涯作出精准的定位和明智的选择。针对自己的职业道路,大学生应尽早开始与教授和职业导师进行交流,即使他们不知道这条道路将会如何。如果更多大学能够开设高层建筑专业,在建筑设计课程中引入高层设计,那对我们的行业来说将是非常棒的一件事。

Sara Beardsley,AS＋GG 高级建筑师（自 2007 年起）,十多年以来,她担任过许多大型国际项目的团队领导,包括吉达塔、首尔 FKI 总部、2017 年阿斯塔纳博览会、威利斯大厦改造工程、芝加哥特朗普塔。2011 年,*Beardsley* 获得了 AIA 青年建筑师奖;2010 年,她入围了 40 位 40 岁以下的芝加哥商界之星。

Nicole Dosso, Skidmore Owings & Merrill 事务所,纽约

接地区

对于工程师而言,纽约是一个很特别的地方。在现有的基础设施上进行设计和建造对于高层建筑来说挑战性更大。在这里,我们不能理所当然认为建筑物的基础下方就有土地。在哈德逊广场（图 1）,从前的露天铁路场以及曼哈顿西区上面建造的几座塔楼实际上并没有接触到大地。

作为一个结构上的关键点,同一平面内的建筑主柱及其所关联的基础需要找到它们的"接地部位",而周边充斥的却是既有的铁道、架空的线路以及铁路的信号服务设施——接地部位很难得从塔楼理想的柱网布局。因此,两种柱网间需要十分复杂的结构转换层,这极大程度上增加了协调和建造的复杂性,同时也提高了成本。

除了结构问题和传统技术上的考虑（例如风加速和堆叠效应）,对于在铁路场地建造的高层建筑来说,振动、声学、安全性和轨道排气方面的问题也至关重要。

在轨道层,有明文规定的净高要求和不可改动的各类铁轨,场地中的间距十分有限,故而会很大程度上影响垂直交通,比如电梯井坑的埋深会有所减少,从而导致电梯运行速度的降低,以及电梯电缆长度的缩减。

在现役轨道附近开展工作时,施工精度和施工时间至关重要。为了尽量减少对铁路服务的干扰,所有工作进程需要提前安排妥当,并在停运期间进行。基地现场有诸多限制,比如在轨道上使用的设备与正常设备的类型、大小不同,这些都可能影响施工设计的解决方案。在土地稀缺的城市,这些类型的挑战正在成为一种新常态。

Nicole Dosso,SOM 纽约技术部总监,曾任纽约世贸中心 1 号大厦和 7 号大厦首席技术协调人。她目前的工作包括纽约哈德逊广场和曼哈顿西区塔楼的建造。

Elena Giacomello, 威尼斯建筑大学,威尼斯

假设以您现在的知识经验去指导当年即将毕业参加工作的您,您会有什么建议？

作为在意大利的大学中的一名研究员,我会建议年轻的自己多涉猎一些大学之外的研究工作,比如在建筑工业范围内的,或者在设计工作室的,甚至建筑工地上的。作为一名象牙塔里的研究员,我的大部分知识和经验都来自书本,有时候我并不知道建筑行业要求我们去"研究问题"的根源何在,以及为什么这些问题都需要明确而具科学性的答案。

对于学者而言,赋予研究活动以"真实"世界中的具体性是很有启发性的:如何在严谨的方法论和千变万化的工作实际间寻求平衡与妥协？如何去开发一种大众可以理解的、操作性强的工具？如何去和从未涉猎研究工作的各类专业人士打交道？如何去考虑经济上的制约因素？等等。

在学术界以外进行研究时,我们需要

哈德逊广场的"平台"分析图

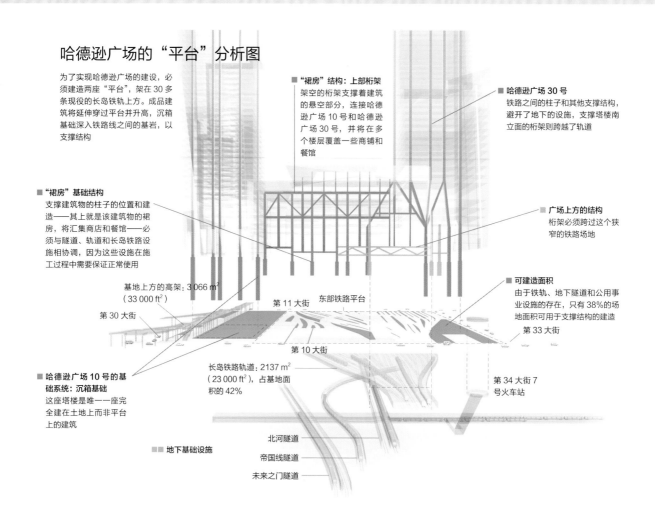

为了实现哈德逊广场的建设，必须建造两座"平台"，架在 30 多条现役的长岛铁轨上方。成品建筑将延伸穿过平台并升高，沉箱基础深入铁路线之间的基岩，以支撑结构

"裙房"结构：上部桁架
架空的桁架支撑着建筑的悬空部分，连接哈德逊广场 10 号和哈德逊广场 30 号，并将在多个楼层覆盖一些商铺和餐馆

哈德逊广场 30 号
铁路之间的柱子和其他支撑结构，避开了地下的设施，支撑塔楼南立面的桁架则跨越了轨道

"裙房"基础结构
支撑建筑物的柱子的位置和建造——其上就是该建筑物的裙房，将汇集商店和餐馆——必须与隧道、轨道和长岛铁路设施相协调，因为这些设施在施工过程中需要保证正常使用

广场上方的结构
桁架必须跨过这个狭窄的铁路场地

基地上方的高架：3 066 m²（33 000 ft²）

第 30 大街

第 11 大街　　东部铁路平台

可建造面积
由于铁轨、地下隧道和公用事业设施的存在，只有 38% 的场地面积可用于支撑结构的建造
第 33 大街

哈德逊广场 10 号的基础系统：沉箱基础
这座塔楼是唯一一座完全建在土地上而非平台上的建筑

长岛铁路轨道：2 137 m²（23 000 ft²），占基地面积的 42%

第 10 大街

第 34 大街 7 号火车站

地下基础设施

北河隧道

帝国线隧道

未来之门隧道

更多的创造力和适应性。研究的开展，必须保有高度严谨的方法论，而研究的目标则应该是一个具体的、实用的、可以被广泛理解和共享的成果。

您认为什么样的技术或创新会对未来十年的高层建筑行业产生深远影响？

我会打赌是绿色生活技术：植被屋顶、立面 / 外墙和空中花园。这些技术在高层建筑中的运用会比其他建筑类型更集中、更合理。高层建筑与地面的距离会让那些每天在其中工作和生活的人们远离自然多时，绿色生活技术则可以重建人与大自然的接触，使人们感到平衡且平静，对人的心情起到积极作用，从而提高工作效率并增加舒适感。与自然接触，人人皆可受益。

在过去的几年中，绿色技术已经在高层建筑领域获得了越来越多的成功。无论是居住者还是观察者都对建筑中的绿植赞赏有加，它们带来了惬意的环境，正能量和微气候，改善了空气并还原了生态的多样性。

在一个城市化的世界中创造自然景观是一个艰巨的挑战，但这不影响我们的信念。现在已经有许多早先的成功实践案例可以用来指导我们将来的工作。

绿色生活技术是复杂的，这其中包含了诸如防火安全、风力安全、植被选择、环境效益和性能等等。因此，在技术革新、管理技术、尤其是规章制度等领域，我们还有很长的一段路要走。尽管如此，我依旧相信绿色生活技术的应用在高层建筑中会日益普遍。

Elena Giacomello，建筑师，建筑技术博士，威尼斯建筑大学建筑技术客座教授兼临时研究员。Giacomello 是 CTBUH 2013 国际研究种子基金的获得者，CTBUH 垂直绿化研究报告的作者。

MaryAnne Gilmartin, Forest City Ratner Companies, 纽约

居安思变，变则新

我们这一代职业女性已然看到了一些惊人的创新。我们见证了许多重要技术的演进：我们看到电话从旋转盘拨号式到无绳电话再一路进化到智能手机。而在我们这个行业，可以提出这样的问题：数字经济是否将设计和建造方法提高到了一个新的水平？而随着女性在场所营造业务中越来越受到重视，是否我们的贡献可以促进一些程序和产品上的创新？

这两个问题的答案是肯定的。

对于高层建筑行业而言，我们正日复一日重蹈祖先们的覆辙。有人会觉得："如果东西没坏，为什么要去修呢？"然而那些拥抱创新、拥抱技术和改革的业内人士很清楚，有朝一日，一定会有新的突破和新的发现。

地价在上涨，特别是门户城市，同时劳动力成本在上升，我们的行业需要创新，去建设伟大的高楼，去适应公交主导型的发展。

图 1　哈德逊广场"平台"
资料来源：纽约哈德逊码头
图 2　布鲁克林迪恩大街 461 号
© Max Touhe

在我的领导下，Forest City 纽约公司斥资，紧锣密鼓地开展了一个研发项目，提出了一种创新的方式。这一研发为我们带来了模块化的建造方式，已被用于医院、宿舍和其他多层建筑多年，但真正应用于高层建筑建造的并不多。

我们找到了一种高层建筑的模块化建造方法，不仅可以降低成本和缩短时间，而且还能使建筑物拥有世界一流的设计。

2016 年底，我们启动了位于布鲁克林太平洋公园的迪恩大街 461 号大楼项目（图 2）。高达 32 层的建筑的所有部件在布鲁克林造船厂制造，然后用卡车运送至施工现场。现在，居民正在搬进来，对他们而言，他们的新家和传统建筑之间没有区别。这一美丽的建筑向世人展示了创新带来的成果。

我们这一行业，由于女性处于领导地位的时间并不长，她们还未能像往常那样从容不迫地处理业务、应对工作，而行业内任何真正成功的女性可能应是一个严厉的领导，一个解决问题的能手和一个强大的应变者。这一现实创造出许多可能性，迪恩大街 461 号大楼项目就是很好的例子。

MaryAnne Gilmartin 参与过多个纽约市房地产开发项目并担任核心角色，其中包括布鲁克林太平洋公园、纽约时报大楼，以及纽约盖瑞大厦（云杉街 8 号）[New York by Gehry (Eight Spruce Street)]。

关永萍（Wing-Pin Kwan），Leslie E. Robertson Associates，香港

您认为高层建筑行业面临的最大挑战是什么？

虽然人工费用和运营费用在不断增加，但高层建筑的专业设计费反而停滞甚至下降了，设计费根本跟不上通货膨胀的速度。同时，专业的设计人士需要应对的是越来越复杂的设计和规范。不幸的是，费用竞争造成了恶性循环，各家企业的收费一次比一次低。

时间压缩也是一个问题。在亚洲，特别是中国，越来越多的业主在制订不切实际的设计和施工计划。快速建造已经进入了一个新的水平。司空见惯的是，在一个项目的设计尚未完成的时候，基础却已施工完成，从而导致建造过程中可能出现重大的改动。

费用和进度的压力都可能扼杀创新。为了在这种情况下获取利润，设计师只能使用更常规更安全的设计体系，而在做法上趋于保守。这种保守主义不仅可能导致低效率和浪费，而且还可能对建筑的美学和功能性造成负面影响。

在时间和资金限制过多的情况下，项目组中的人员配置可能并不十分充足和妥当。如果没有充足的预算和时间来进行适当的培训、监管和质检的话，在不久的将来，势必会为此付出昂贵的代价，甚至出现安全隐患。

我相信设计过程的自动化一定程度上导致了专业设计费用的下降，以及业主越来越不切实际的进度预期。设计和分析计算工具的进步大大提高了工作流程的效

高层建筑与都市人居环境 **11**

学术研究 | **47**

率，然而，这些工具可能会让人产生错觉，带来一种虚假的能力和安全感。过去，在结构工程领域，高层建筑的设计会由具有专业知识、熟练技能和丰富经验的专业人员来负责。如今，现有设计软件的进步意味着未经培训的人员在短时间内可以轻轻松松计算出整个建筑结构构件的尺寸，却尚不了解设计背后的原理和复杂性。

设计进度和预算被不合理地压缩，从中导致的疏漏和错误可能最终会耗费更多的时间或资金。实际上，设计费仅占项目总成本的一小部分。如果有熟练且够资格的专业人士给出周全的设计，以及合理的质量保证，最终反而会节省资金，并更有利于创造出创新且高效的设计方案。

根据您作为专业人士所学到的知识，回首过去，您觉得应当如何改进您学科领域中的教学内容？

面对日益复杂的设计，我们很容易去依赖计算机辅助工具。在结构工程领域，我们不再需要通过手工计算来解决问题，越来越少的学校会教授经典分析方法。年轻的结构工程师通常精通计算工具，然而，越来越少的人懂得绘制自由体图，或者在脱离计算机的情况下提出结构问题的近似解决方案。

随着人们越来越依赖这些强大的工具，我们也应越来越重视直觉的培养，去判断计算机生成的解决方案是否合理。因为在输入数据时很可能出错，也很容易假设错误——在结构设计中，这类错误可能导致昂贵的修补工作；更糟糕的是，可能会带来严重的安全隐患。

因而在工程教育中，了解基本原则十分关键，只有具备了这一基础，才能提出有效且创新的解决方案。在了解"怎么做"之外或之前，重要的是让老师和学生关注"为什么"。对学生而言，查看工作中的设计程序、方程和法规等等是件容易的事，但去学习程序和方程背后的理论以及法规背后的前因后果则更为重要。应该去教会学生提出近似解决方案的技能（比如经验法则和简化的手算方法），面对计算机生成的解决方案，也应能够快速进行"合理性检查"。

关文萍 Wing-Pin（Winnie）Kwan，结构工程公司 Leslie E. Robertson Associates（LERA）合伙人。她率先在 2011 年成立了 LERA 上海办事处，并于 2016 年成立了 LERA 香港办事处。她参与的著名项目包括上海环球金融中心（492 m）、首尔乐天世界大厦（555 m）、吉隆坡 Merdeka PNB118（630 m）。她曾获得 2011 年《建筑设计与施工》杂志颁发的"40 位 40 岁以下杰出青年"奖。

Helen Lochhead，新南威尔士大学，悉尼

为转变而努力

2013 年我参加了哈佛大学女性设计师组织（Women in Design at Harvard University）的早餐聚会。这次聚会邀请了身为著名建筑师、规划师及作家的 Denise Scott Brown 女士作为特别演讲嘉宾。哈佛大学设计研究生院那些最优秀、最聪明的年轻女研究生们纷纷簇拥在她身边聆听她的演讲。Scott Brown 女士讲述了她所取得的卓越成就，也讲述了她所面对的职业障碍——尤其是在 1999 年，普利兹克奖的评审团将普利兹克奖颁发给了她的终生职业合作伙伴罗伯特·文丘里（Robert Venturi），而将她排除在获奖名单之外。在她演讲时，许多年轻女性都表示为实现男女平等与获得认可将接受任何挑战，而我也逐渐感受到女性设计者的春天正在到来。这五十年来，是什么在改变？为什么我们还在这里讨论这个话题？很显然，我们还需要做更多。

30 年来，从建筑院校毕业的女性毕业生与男性毕业生数量相当，但在从业人数上却有巨大的削减——只有 20% 的注册建筑师是女性。在整个建筑行业内，女性都面临着难以跨越的行业门槛。

有一项于近期备受瞩目的研究项目，不但强调了上述问题，并且提出了克服这些困难的策略。

在 2011—2014 年的这段时间内，澳大利亚研究理事会（Australian Research Council，ARC），资助了一项名为"澳大利亚建筑行业中的公平性与多样性：女性、工作和领导者"（Equity and Diversity in the Australian Architecture Profession: Women, Work, and Leadership）的研究。

该研究确定了一系列影响因素，包括：拥有同等专业水平、技术能力和工作经验的不同员工所拥有的不同工资；在同等工作经验和工作业绩下，女性所面临的不同加薪、升职和职业发展机会；那些与全职工作者做着同样工作的兼职女性们的薪资水平和就业机会。

这些研究结果能够解释为何如此多的女性选择离开这个行业，也解释了为什么即使继续留在这个行业的女性们也都一直在幕后默默无闻。报告还强调说，如果我们想要完成一个跨越性的改变，则需要共同努力并付诸行动。

受到该研究报告的启发，一个名为 Parlour 的论坛成立了。它汇集了澳大利亚与女性、平等、建筑相关的研究成果、资讯观点等资源，并庆祝女性已经取得的种种成就。鉴于其贡献，美国建筑师学会（AIA）的性别平等工作组（AIA Gender Equity Taskforce）倡议并授予了该组织"改革先锋"（Champions of Change）的称号。

在建筑行业中，新南威尔士大学（UNSW）悉尼校区的一个研究小组于近期完成了一项研究。该研究提供了一些警示性的数据，与此同时也提出了一些旨在改善建筑行业性别分布结构的合理建议。但是，还有更多事情需要我们继续完成。

提高意识与增强教育对有意义的政策转变与行为变化是至关重要的。在我的大学（即新南威尔士大学悉尼校区），我们已经建立了一个新的名为"建筑业女性"（Engaging Women in the Built Environment）的关系网络。这个论坛将所有与建造环境相关的、处于不同职业阶段的职业女性聚集起来，从而为建筑业女性的相互交流、相关研究、项目合作、奖学金、工作安置与指导解惑提供了平台。

以上这些只是发生转变的一些范例。为了适应我们所处的这个迅速变化着的世界，稳健的组织在未来必然需要变得更加灵活。而为了获得应对当今高层建筑产业的挑战的能力，我们需要集合所有天赋与才干，既包括男性也包括女性在内。从长远来看，这将使这些组织更有弹性，也会使建筑行业变得更具有包容性。在此插播一件很适合作为后记的事：普里兹克奖在2017年被首次授予建筑合伙人，而在这三个合作伙伴中有一位是女性，获奖者为来自西班牙建筑事务所RCR的三位建筑师：Rafael Aranda，Carme Pigem，Ramon Vilalta。

Helen Lochhead 是一位跨学科专家——建筑师、景观设计师与城市规划专家，并且她同时承担着教学、研究、实践和顾问等多个角色。她的职业关注点在于项目初期的规划、设计以及复杂多学科项目的开展。她承担的项目不仅有属于城市级别的悉尼城改进方案，也包括同时在澳大利亚与美国开展的城市更新和滨水项目。近期，她主导并开发了一项时长为30年的悉尼湾（Sydney Cove）转型规划设计，并在悉尼港（Sydney Harbour）新战略构想的制订中作出了重要的贡献。

Elena Mele，那不勒斯费德里克二世大学，那不勒斯

高层建筑——结构工程师教育的训练场地

就结构工程教育而言，高层建筑是一个特殊的训练基地：它能使人们对结构产生更深刻的理解，也能够促进批判性思维的发展。从这个角度看，教学方法应当为严格归纳法。学习应当通过实践来进行，而研究对象应当为真实的案例。因此，教学的起点在于高层建筑建造行业。通过观察优秀案例，我们可以质疑结构的作用。我在这里用到了"优秀案例"这个词，它并不一定指在高度上最高的建筑，而是指那些最具创新性的、最耐人寻味的、最能够鼓舞人心的建筑，例如那些对结构设计师构成重大挑战的建筑。其基本思想是，要深刻理解解决挑战性难题的设计方案为什么看上去是"正确的"，且就结构与建筑之间的相互作用和结构组织而言，设计方案是如何触发创造性流程并产生新想法的。

主要的学习成果是运用结构组织原理与结构行为设计工具的能力，并探索源自于关注结构概念的设计方法的潜在能力。

为了实现该目标，学生们必须选择他们的英雄榜样（过去与现在的伟大结构设计师），并通过对他们的杰作——那些高层建筑案例——进行深入的研究，以此方式来学习这些大师。这不仅仅是"结构阅读"，它也是一个逆向分析工程的过程，包括对一个产品进行解剖，对其功能及基本原理进行分析与学习，从剖析中获取的知识有助于新产品的设计。这是广泛应用于信息学的一种实践，并且也出乎意料地应用于艺术、诗歌、建筑及其他创意产业的领域中。

在《传统与个人天赋》（*Tradition and the Individual Talent*）一书中，T.S. Eliot 论述了艺术家的个人创造力与传统文化之间的关系，它被理解为诗歌独创性中所必需的自相矛盾的元素。正如巴勃罗·毕加索（Pablo Picasso）所述而史蒂夫·乔布斯（Steve Jobs)也曾重复提及的那句话一样，"能工摹其形，巧匠摄其魂"。伍迪·艾伦（Woody Allen）也曾说过，"我挑最好的东西偷，我是个无耻的小偷。"影响、复制与激发灵感这几个概念也经常在建筑设计中出现。Neil Leach 在最近的一篇名为"建筑设计"论文中，对真实性的概念提出了挑战，并认为整个人类文化是建立在不断复制的进程之上的。因此，结构工程师为什么不采用这种方法，像艺术家那样进行"借鉴"呢？

在那不勒斯费德里克二世大学中长达10余年的"高层建筑结构"课程中，学生们已经展示了进行设计文化采集的良好能力，并获取了那些无法从计算机中获得的技能，比如产生想法、提出正确的问题、采用先进的分析方法等等。但与此同时，这种良好的设计文化也需要我们去理解计算结果背后的原理；掌握事物的内涵，而不仅仅是数字本身；去平衡曾经尝试过的方法与新的方法；并利用结构的潜力来创造与描述形式、空间和建筑。

Elena Mele 作为结构工程学教授，在建筑地震行为学和建筑隔震领域发表论文200余篇。在高层建筑领域，她发表了斜肋构架、六边形网格和非传统模式的论文，她当前的研究关注于结构网格立面和高层建筑隔震系统的优化。

Pascale Sablan，FXFOWLE
建筑事务所，纽约

基于您作为专业人士所学到的知识，您将如何反思与改进学科教育？

我的教育专注于设计的过程，特别是建筑历史与技术。然而，除了仅仅关注我自己的创意和概念需求之外，为诸如客户等其他人进行设计的过程也是非常重要的经验。更重要的是，我了解到，作为建筑师的我们可以为解决更重大的问题作出贡献，例如陷入困境中的社区与社会正义。我的最终目标并不是要设计出刊登在杂志封面上的华丽建筑，而是要设计出令人尊重的、优美的建筑结构，这些结构能够在很大程度上改善居民生活，服务于社区，并为解决社会问题作出贡献。

您无法相信的高层建筑业仍然在做的一件事是什么？

令我震惊的是，高层建筑行业仍然是仅仅专门为那些极其富有的人服务的。设计与建筑行业已经发展成为一个让经济利润最大化的行业，以及发展为让金融精英们更加舒适的行业，却很少关注绝大多数人生活水平的改善。在贫困地区，"美化"通常等同于在施工过程中所产生的杂乱与狼藉，以及在项目完成后发生的置换。这不仅使社区遭到破坏，也迫使许多现有的社区居民重新寻找通常距离工作地点几英里远的经济适用房。

你认为10年来，哪里的天际线最有趣，为什么？

底特律。底特律规划总监 Maurice Cox、城市设计总监 R. Steven Lewis 与规划部门正在为"汽车城"（Motor City）设计一个充满雄心壮志又令人惊叹的进步型社区（图3）。底特律规划部门的杰出设计师在没有置换长住居民的情况下，重新构

Detroit East Riverfront District, 2050

想了这个城市的设计。在此，我要为所有促使城市复兴的领导与个人喝彩。规划部门的工作人员正在致力于社区工作，而反过来，开发商也协同规划了未来的邻里社区、家庭、商业和休闲空间。

Pascale Sablan 于 2007 年加入 FXFOWLE 建筑事务所，并于 2014 年晋升为合伙人。拥有十多年建筑师经验的她曾经参加了印度大诺伊达区住宅楼（Greater Noida Housing Towers）、利雅得的 Al Faisaliah 塔和阿卜杜拉国王金融区（King Abdullah Financial District）的设计团队。她获得了诸多奖项与荣誉，获得了业界的认可，其中包括纽约建筑设计师奖（Emerging New York Architect Merit Award – AIA New York）和 NOMA 杰出设计奖（NOMA Prize for Excellence in Design）。

您认为女性在高层建筑行业中面临的最大挑战是什么？

我认为女性在高层建筑行业中面临的最大挑战是在高层建筑行业担任高层人士。从根本

Elena A. Shuvalova, Lobby Agency，莫斯科

上来讲，高层建筑业界的女性为了达成与男性同等的成就，需要付出双倍的努力。特大项目通常也意味着巨额预算，因而参与其中的男性常常会猜测，负责这类项目的女性是否有一位名人丈夫或名人父亲（在背后支持）。

政府机构与一些从事高层建筑的私营企业对我所发布的行业新闻很感兴趣，但他们却并不急于引用这些资源，而最复杂的挑战就是在任何你所发表演讲的地方都要保持专业的态度，并保持你自己的观点。

你认为在未来 20 年内，高层建筑将会影响或被影响的最紧迫的城市问题是什么？

我认为现代特大城市所面临的主要挑战，是找到历史建筑及街区与新的高层建筑及地区之间的最佳平衡。每个大城市都会随着时间的推移而改变，但所有这些变化都应当在专业人士的认真考虑下进行。城市空间中暴力的干预可能会对城市结构和市民生活造成极大的伤害。

例如，莫斯科的一项新法律正在导致流离失所现象和不负责任的建筑模式的产生。该法律产生的目的是提议完全消除莫斯科的房产权。按照这项法律，如果市民通过电子投票或通过专门的国家多重业务

图3　底特律东部滨河计划 2050
© SOM
资料来源：Detroit Riverfront Conservancy

中心（State Multiservice Centers）投票，则任何住宅都可能被考虑拆除。其实，在现行的"住宅法规（Housing Code）"下，唯一合法的投票程序是业主们的会议。

如果一座建筑被拆除了，市政当局可以将房主搬迁到莫斯科郊区的新公寓，而不需要提供任何货币补偿，人们也没有办法上诉。这实际上就像是内部驱逐。成千上万的莫斯科人已经向区级、市级、政府当局以及总统书写了抗议该法律条文的信。我也反对大规模搬迁项目，因为我认为这些项目玷污了摩天大楼的形象。我强烈希望能够最终赢得胜利，而我们也将像以前一样为莫斯科的摩天大楼感到自豪。

最初，该法律旨在解决市民们居住在破旧不堪的房屋中的问题（近 20% 的被建议拆迁的房屋都是在赫鲁晓夫时代建成的五层公寓楼），但这条法律已被证明是莫斯科房地产市场中的一个巨大问题。

高层建筑与都市人居环境 **11**

> 为了获得应对当今高层建筑产业挑战的能力，我们需要集合所有天赋与才干，既包括男性也包括女性在内。从长远来看，这将使这些组织更有弹性，也会使建筑行业变得更具有包容性。
>
> Helen Lochhead，建筑环境学院院长，新南威尔士大学，悉尼

被拆除房屋的居民们被搬迁至莫斯科郊外的新区，主要由像飞机中的经济舱一样等级的高层建筑组成，并且其中大部分建筑的质量是很差的。这样的"大规模项目"对于建筑师来说，既不会带来声望，又不利于居民，因为这些建筑物往往过度地集中在基础设施薄弱的地区。我曾访问了包括纽约、芝加哥、上海、首尔、伦敦等位于世界各地的城市，这些城市的新老街区的关系平衡都处理得很好。在我回到莫斯科以后，我为看到我们城市的政府不懂得让人受益的城市再生概念而感到羞愧。我想我们可以从这些城市中学到很多东西，从而在城市进步和尊重当地建筑与公民之间取得平衡。

Elena A. Shuvalova 于 2007 年成立了 Lobby Agency，这个机构的主要目标是为工程、建筑和房地产领域的互惠互利的国际合作发展创造独特而有效的机会。该机构还专注于房地产市场的经济研究，特别是高层建筑与酒店市场的相关研究。Shuvalova 已经为俄罗斯研究高层建筑的专业人士们组织了 9 次国际商务旅行考察。Shuvalova 毕业于莫斯科经济与统计研究学院（Moscow Institute of Economics & Statistics）。

生态时代的高层建筑的城市化

在 21 世纪，为适应地球上大多数主要城市的快速城市化进程，高层建筑成为有利武器。"标志性"高层建筑身上散发着某种魅力，我们在讨论、观察、赞扬、绘制、拍摄高层建筑并发布与其相关故事的时候，主要着重于它们的整体形状、立面处理、高度以及技术成就，而同时，众多高楼通过聚集在一起的方式，形成了城市。

如何建造城市是我们这一代所面临的重大问题。根据联合国的统计，城市在创造了全球 80% GDP 的同时，还产生了占全球 50% 的废物，产生了占全球 60%~80% 的温室气体排放量，消耗了全球 75% 的自然资源。城市化的方式深深地影响着我们在经济、社交等方面的社会活动及生活的能力，并且影响着我们消费或更新重要资源的速度，这些资源包括了空气、水、土地、材料等等。城市的形成方式深刻地影响着我们彼此间的经济与社会关系，影响着我们与自然的关系，也影响着我们所消费的资源。

鉴于 21 世纪以来城市建设所面临的巨大压力，现在也许是时候将我们的关注重点从"高层建筑地标"转移到"高层建筑都市主义"，并强调高层建筑如何结合与形成一组组建筑物、场所、体验、生态和区域。世界上的许多城市都制订了城市规划指导方针，旨在将高层建筑塑造为"合理的都市主义"，包括民主化观点、避免隐私权的妥协、确保太阳在冬季能照射在街道上、塑造城市形象等。这些事情对在城市环境中寻求公众与私人利益之间的平衡是很重要的。然而，在生态时代，高层建筑都市主义的参考框架需要远远地超出传统城市规划的范围，高层建筑的城市规划应该包括一个三维的生态环境和一个社会性空间，而这个社会性空间应当是延伸并嵌入在更广泛的城市范围中的。

多年来，我和我的同事们一直致力于在我们自己的亚热带城市布里斯班中发展高层建筑的城市规划原则和设计实践。这里的气候温和宜人，丰富的绿色植物随处可见，我们的工作重点关注充满光、空气、风与景观体验的高层建筑都市主义。高层建筑的设计可以彼此相互协调，与城市空间相连，并创造绿色生态网络，包括街道、公园、广场、天空花园、平台花园和种有植被的自然通风的电梯大堂等。光、新鲜空气和自然的三维网格将会成为我们城市中的公共与半公共空间，同时提供能够充分体现我们气候优势的生态联系与互动，营造更加可持续的城市化。对于快速进行城市化的城市来说，我们迫切地需要将眼光放在仅仅"将高层建筑作为地标"的思考框架之上。

Caroline Stalker 是一位建筑师与城市设计师，其职业生涯已超过 29 年。她始终致力于卓越的设计，多年来获得众多建筑与规划的奖项，得到行业内的认可。她同时也在昆士兰科技大学创意产业设计学院（School of Design, Creative Industries, Queensland University of Technology）担任兼职教授。

（翻译：翁桐润、刘春瑶）

Caroline Stalker，Archipelago 建筑与城市设计事务所，布里斯班

垂直交通：上升和加速

CTBUH 最近与吉尼斯世界纪录合作，认证上海中心为世界上拥有最快及最长电梯的商业建筑。CTBUH 对这项研究进行了扩展，试图确定世界高层建筑电梯运行的速度和长度纪录，研究结果和相关数据如下。

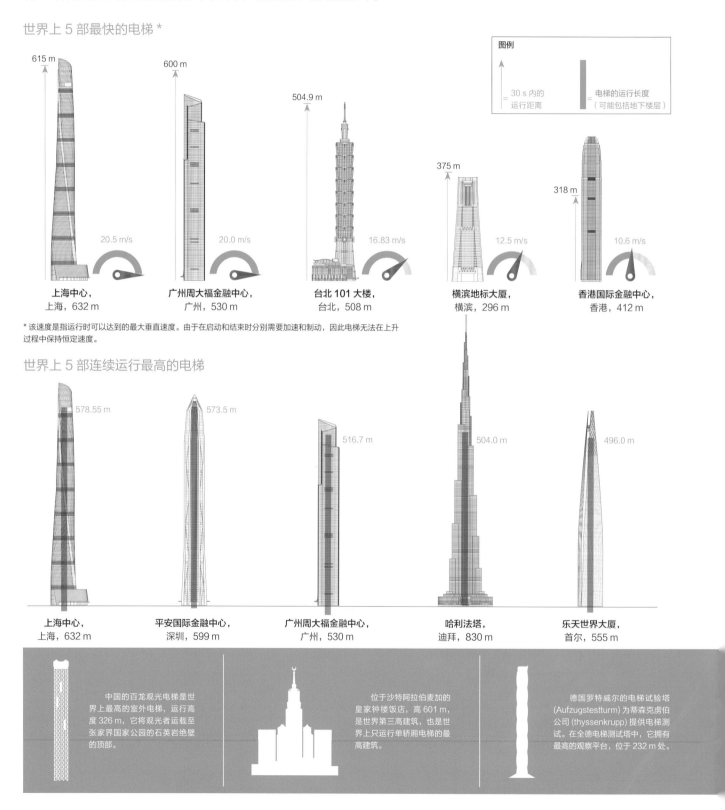

世界上 5 部最快的电梯 *

图例

— = 30 s 内的运行距离

▮ = 电梯的运行长度（可能包括地下楼层）

615 m	600 m	504.9 m	375 m	318 m
20.5 m/s	20.0 m/s	16.83 m/s	12.5 m/s	10.6 m/s
上海中心，上海，632 m	广州周大福金融中心，广州，530 m	台北 101 大楼，台北，508 m	横滨地标大厦，横滨，296 m	香港国际金融中心，香港，412 m

* 该速度是指运行时可以达到的最大垂直速度。由于在启动和结束时分别需要加速和制动，因此电梯无法在上升过程中保持恒定速度。

世界上 5 部连续运行最高的电梯

578.55 m	573.5 m	516.7 m	504.0 m	496.0 m
上海中心，上海，632 m	平安国际金融中心，深圳，599 m	广州周大福金融中心，广州，530 m	哈利法塔，迪拜，830 m	乐天世界大厦，首尔，555 m

中国的百龙观光电梯是世界上最高的室外电梯，运行高度 326 m，它将观光者运载至张家界国家公园的石英岩绝壁的顶部。

位于沙特阿拉伯麦加的皇家钟楼饭店，高 601 m，是世界第三高建筑，也是世界上只运行单轿厢电梯的最高建筑。

德国罗特威尔的电梯试验塔 (Aufzugstestturm) 为蒂森克虏伯公司 (thyssenkrupp) 提供电梯测试。在全德电梯测试塔中，它拥有最高的观察平台，位于 232 m 处。

世界上最快的电梯

下表中包括了电梯运行速度大于等于 10 m/s 的所有建筑 (含已建、在建和待建)。已建建筑中电梯运行速度前五的建筑在表格中进行了粉色高亮显示，已建建筑中电梯运行长度前五的建筑在表格中进行了加粗显示。

在建建筑的电梯运行速度是预测值，建成后将对其进行验证。

排名	建筑	城市	国家或地区	高度（m）	状态	完成时间	电梯速度（m/s）
1	Shanghai Tower 上海中心	上海	中国	632	已建	2015	20.5
2	Guangzhou CTF Finance Centre 广州周大福金融中心	广州	中国	530	已建	2016	20
3	Suzhou Zhongnan Center 苏州中南中心	苏州	中国	729	待建	—	18
4	TAIPEI 101 台北 101 大楼	台北	中国台湾	508	已建	2004	16.83
=5	Wuhan Greenland Center 武汉绿地中心	武汉	中国	636	在建	2018	12.5
=5	Landmark Tower 横滨地标大厦	横滨	日本	296.33	已建	1993	12.5
6	Two International Finance Centre 香港国际金融中心	香港	中国香港	412	已建	2003	10.6
7	One World Trade Center 世贸中心 1 号大厦	纽约	美国	541.3	已建	2014	10.16
=8	Jeddah Tower 吉达塔	吉达	沙特阿拉伯	1000+	在建	2020	10
=8	Burj Khalifa 哈利法塔	迪拜	阿拉伯联合酋长国	828	已建	2010	10
=8	Tokyo Sky Tree 东京晴空塔	东京	日本	634	已建	2012	10
=8	Merdeka PNB118 大楼	吉隆坡	马来西亚	630	在建	2021	10
=8	Canton Tower 广州塔	广州	中国	604	已建	2010	10
=8	Ping An Finance Center 平安金融中心	深圳	中国	599.05	已建	2017	10
=8	Lotte World Tower 乐天世界大厦	首尔	韩国	554.53	已建	2017	10
=8	Busan Lotte Town Tower 釜山乐天塔	釜山	韩国	510.1	待建	2020	10
=8	Shanghai World Financial Center 上海环球金融中心	上海	中国	492	已建	2008	10
=8	Al Hamra Tower 阿尔哈姆拉大厦	科威特市	科威特	412.6	已建	2011	10
=8	LCT Landmark Tower 地标大厦	釜山	韩国	411.6	在建	2020	10
=8	T & C Tower 高雄 85 大楼	高雄	中国台湾	347.5	已建	1997	10
=8	China World Tower 国贸大厦	北京	中国	330	已建	2010	10
=8	Longxi International Hotel 龙希国际大酒店	江阴	中国	328	已建	2011	10
=8	Sunshine 60 Tower 阳光 60 大厦	东京	日本	240	已建	1978	10

电梯运行速度 10 m/s（含）以上建筑的主要功能

安装运行速度最快的双轿厢电梯

世界最高的 5 座建筑中有 4 个安装的是速度最快的双轿厢电梯，运行速度为 10 m/s。

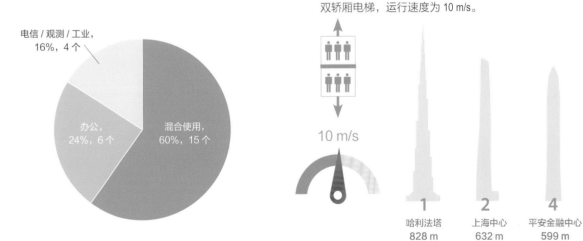

电信 / 观测 / 工业，16%，4 个
办公，24%，6 个
混合使用，60%，15 个

10 m/s

1	2	4	5
哈利法塔	上海中心	平安金融中心	乐天世界大厦
828 m	632 m	599 m	555 m

美国圣路易斯大拱门，共有 2 组像火车一样的链斗式电梯，每组有 8 个轿厢，沿曲线结构上升 192 m，转向 155°，只需 4 min。

纽约世贸中心 1 号大厦的电梯深入地下，电梯运行距离为 408.7 m，远远长于其 386.5 m 的地面楼层高度。

并不是所有的电梯测试设施都是在地上建筑物中的。通力电梯 (KONE) 在芬兰 Tytyri 的测试井是世界上最深的下降电梯，达 350 m。

（翻译：陈海粟）

鸟类、玻璃立面和生物探索

采访嘉宾 / Jeanne Gang

作者简介

Jeanne Gang，建筑师，麦克阿瑟学者，Studio Gang 建筑事务所创始人。Studio Gang 事务所从事建筑和城市设计实践，在芝加哥和纽约皆有办公室，Jeanne 在设计过程中将个人、社区和环境关系置于重要位置，她从生态系统中获得灵感，以善于分析和富有创意的方法创作了许多创新建筑，例如位于芝加哥市中心在建的 Vista Tower 和 Aqua 大厦。Jeanne 参与的项目遍布美国和欧洲，其中包括纽约、旧金山、多伦多和阿姆斯特丹的高层建筑。

Jeanne Gang，Studio Gang 建筑事务所创始人
Studio Gang Architects
1520 W. Division Street
Chicago, IL 60642
United States
t：+1 773 384 1212
e：pajeanne@studiogang.com
www.studiogang.com

Jeanne Gang，Studio Gang 建筑事务所的主席及创始人，设计了高 262m 的芝加哥 Aqua 大厦（Aqua Tower）。Aqua 大厦建成于 2009 年，是当时由女性领导的建筑事务所设计的最高建筑，使 Jeanne Gang 备受瞩目。作为在高层建筑行业中富有创新力和以研究作为实践核心的领先者，Jeanne Gang 作品的重要性远非如此。CTBUH 编辑 Daniel Safarik 对 Gang 进行了这篇姗姗来迟的专栏访谈。

在当时被誉为由女性领导的建筑事务所设计的最高建筑，对您来说意味着什么？这是一个有意义的荣誉吗？

设计高层建筑向来是令人振奋的。在我看来，它一个非常复杂的过程，更多女性建筑师的参与是有益的。坦白地说，在这种建筑类型中有许多可以创造和发现的内容。我想我带来了一些与众不同的实践，但可能并不是因为我是一个"女性建筑师"，我只是作为一名建筑师做了自己应该做的。

不幸的是，我认为高层建筑业的不尽如意是因为参与其中的人不够多样化，例如年轻建筑师、小型事务所、种族多元化的公司。如果能够引入更多元的观点，那么高层建筑行业会变得更好。因此，问题还是出在高层建筑行业这一边。

有许多小型的本地事务所、大型跨国企业以及介于两者之间的公司，正在尝试不同的高层建筑。这其中并不涉及很多个人的特质。但是一旦你开始审视高层建筑这种类型，你会惊讶于设计公司构成成分的相似性，并且最终体现在作品中。

Aqua 大厦建成后获得了巨大瞩目，您现在对此有什么感受？

它是我们的第一个项目，我真的很喜欢和那座建筑在同一个城市里。我通常会回到建筑中去看看建筑如今是如何使用的，以及建筑中的社区是如何形成的。我常常把这幢建筑视作是能够让人们进行内部创造的垂直基础设施，它并不是那种由建筑师决定每个室内细节的建筑，它可以是酒店、产权公寓或者出租公寓，是一个灵活可变的建筑。

我发现它是一个充满社交活动的建筑。运营这栋建筑的开发商麦哲伦开发集团（Magellan Development Group）告诉我，这座建筑中有非常强的社会联系：使用者组成了一些活动小组，并且在屋顶建造了花园，相比其他建筑，这里的人们有更多的交流活动 (图 1)。它实现了我们最初的一些想法，能够看到这些成为现实是非常重要的。

您在 Aqua 大厦项目中践行了对高层居住项目公共空间、阳台、遮阳和景观的理念，并且在最新项目中修改推广。您对此有什么看法呢？

我最喜欢 Aqua 大厦阳台的一点在于它是社交活动的构成要素，你可以从一个倾斜的角度看到你的邻居。这使阳台更像是传统住宅的门廊。我认为这非常有潜力，但不足之处在于，我们不得不在室内外使用一块非热断楼板以实现悬臂结构。我们曾尝试过热断楼板（thermally-broken slab），但是在预算范围内无法实现悬臂要求。

我们曾试图解答"阳台中的热断是否能够提高能源绩效"。虽然在加拿大已有相关研究成果，但是它处在不同的气候环境中 (Hardock & Roppel, 2013)。隔断楼板的主要原因是为了预防窗户上的冷凝，不过我们从来没有在 Aqua 大厦看到窗户冷凝的情况。

在 City Hyde Park 项目中，我们为两种性格的居民而设计：喜欢城市景观、居住在北侧的居民可能有一些内向，居住在南侧的居民则被认为是外向的。我们将阳台设置在南侧既是为了业主也是为了遮阳。与结构工程师一起，我们提出了一些创新的建议：将阳台设置在"杆"上，从而使重力荷载直接传到地面（图 2）。这样就可以在阳台和建筑物之间产生热隔断。我们正在观察和测试这些阳台，以便我们为其他做阳台的人提供更多数据。这就好像我们把实验嵌入了建筑物中。

一旦你开始审视高层建筑这种类型，你会惊讶于设计公司构成成分的相似性，并且最终体现在作品中。

图1, 图2	
	图3

图1　Aqua 大厦，芝加哥
　　　© Steve Hall / Hedrich Blessing
图2　City Hyde Park，芝加哥
图3　Vista Tower，芝加哥

此外，从建筑的角度来说，站在这些阳台上是非常有趣的，因为它们自身的趣味性、空间复杂性、相互的差异性。当你从下往上抬头看另一个阳台时，有些非常高，就好像教堂一般。从一些角度来说，它看上去像是埃舍尔 (Escher) 的画作。

20 世纪 20 年代的酒店 Shoreland，也是位于芝加哥南部。您为这个项目实施的翻新和居住转变，对您在当代高层建筑中追求的公共空间、房屋大小、景观和一些其他特质有何启发？

历史建筑在城市中是非常有意义的，它们提供了城市的味道和连续感。而且，它们非常节能——你能做的最可持续的事情便是重新使用已经存在的建筑。

我们学习了很多关于 20 世纪 20 年代多单元居住建筑是如何建设的。这个建筑没有地面停车，于是我们运用了许多有趣的技术和技巧，在现有柱间距和场地限制条件下来实现建筑物的地下停车。在其内部，有令人难以置信的大空间。我们与历史保护顾问合作，尝试了几种不同的可行方案。我们通过隔热、通过景观、通过透水的铺地使水可以渗入地面等策略使之更具可持续性。

基本上，我们处理和解决的问题越多，我们提出的可以应用于不同场景的解决方案越多。我从未想过专注于单一建筑类型，做新的尝试是非常值得的，因为你会遇到完全不同类型的空间、结构和技术

问题。你获得的知识会成为你箭袋中的利箭，你能够在往后的项目中使用到。

Shoreland 是一个大型建筑，但其走廊不会令你觉得要走很长，这得益于走廊的曲折性。我将之运用到芝加哥大学北校区公寓大楼和餐厅 (University of Chicago North Campus Residence Hall and Dining Commons) 的设计中，使之带有轻微的曲率，就像修长的手指一样，使用者会感觉更紧凑。

您的第一个超高层项目是在建的芝加哥 Vista 大楼 (Vista Tower)，它将成为城市中最高的建筑之一。其周边环境以不同等级的交通道路为主，缺少人性化尺度，一方面要在城市中放置如此巨大的结构，另一方面需要保留人性化尺度，您如何解决这个问题？

这个建筑的创新点在于它如何在滨河道路 (Riverwalk) 和东湖滨公园 (the park

图4　Folsom Bay Tower，旧金山

在一些高层建筑作品中，您已经声明应该设计出鸟类友好型立面而不仅仅是平板玻璃型立面。就高层建筑的物理意义，而非能源效率而言，您认为高层建筑如何能变得更加环境友好？

通过与鸟类学家的合作，我早已发现经常会有大量的鸟类撞向拥有巨大玻璃幕墙的建筑，尤其是那些沿着水路且靠近迁徙路线的建筑。因此，像芝加哥、多伦多和那些沿着海岸线的城市中的建筑对鸟类迁徙模式是有影响的。我希望能够深入这个研究并且提出可以实现的解决方案。

举例来说，一些设计师和业主希望在建筑顶部设置明亮的灯光，这本身是很好的。但是如果在鸟类迁徙的季节点亮，它会使鸟类迷失方向。这些建筑顶部双重聚光灯的本意是为了纪念遭到摧毁的世贸中心双子塔，但导致成千上万的鸟类绕光柱飞翔并最终死亡，它们因为看不到星光而从天空跌落。

没有人希望这样，因此需要大量的研究来确保建筑能够与其所处的环境相协调，而不仅仅是为人类服务。我对与生态学家及理解城市中其他生命体的人一起工作很感兴趣。

将高层建筑本身视为城市栖息地和基础设施的想法开始渐渐流行，但仍需更深入的探索。

城市的碳足迹真的是非常巨大。随着城市化和城市的进一步发展，动植物的生活遭受了很大干扰。当我们思考高层建筑时，我们需要研究我们对这些生态系统产生了什么影响，我们如何为动物的活动创造空间，以及如何容纳城市中的自然栖息地。

我们公司芝加哥的办公楼，拥有一个具有生物多样性的建筑屋顶，包含了超过48种的本地植物，我们称之为"天空岛"，其不仅仅是植物的乐园，同时也是鸟类、蜜蜂和其他昆虫的天堂。在我们的屋顶上还有蜂箱。在建成的第一年，我们组织了一场生物探索（Bio-Blitzes）活动，我们收集了现场的昆虫种类的样本，并以此作为基准样本。现在我们每年都会组织这个活动来观察该迷你生态系统的发展。

以正在设计的纽约高线公园 (New York's High Line) 旁的 Solar Carve 大厦和圣路易斯 (St. Louis) 的 One Hundred

大厦为例，含有落地玻璃的项目该如何保护鸟类、减少眩光以及减轻玻璃幕墙高层建筑的负面影响？

并非所有的建筑都能像我期望的那样能够让鸟类辨识，往往出于经济上的考量，建筑师为建筑物所做的一些特意的设计会被修改掉。但有一些建筑则采用了不平整的玻璃幕墙立面，使之不与天空融为一体，以增强"视觉上的存在感"，旧金山的 Folsom Bay Tower（图4）、Aqua 大厦、One Hundred 大厦和 Solstice on the Park 大厦都使用了这一策略。它们没有采用一整块镜面玻璃，而是由很多材质和不同角度的玻璃面组成，从而既能够让人看上去愉悦，也能够让鸟类辨识区分。

Solar Carve 大厦这个项目就力图降低玻璃的反射，但其地处哈德逊河边的环境容易产生眩光，因此非常困难，而另一方面，我们同时也希望这个建筑能够耀眼醒目。

于是我们一直努力提高不同位置玻璃的对比度，三维雕刻的那一面玻璃需要让鸟类可辨识，而另一面的平板玻璃则需要解决低眩光、色彩和透光率的复杂问题。同时绝缘拱肩玻璃（insulated spandrel glass）也是一个难题，其会比想象中密实一些，这是一个迷人的设计挑战。但最终它的不透明度确实非常好，即使进入房间内也不会直观地察觉到它。

您对刚刚进入建筑学校并且想效仿您职业生涯的人想说些什么？

我觉得主要是保有积极的态度、直觉和激情。这听着好像是陈词滥调，但事实确实如此。没有热爱是无法完成和实现全部工作的。"做你想要的设计"，不必遵循现有的模式，这就是我想说的。我现在所教的年轻一代的学生令我非常激动，他们对于探索新的设计实践非常开放。我觉得这个世界已经做好了准备，这是振奋人心的。∎

at Lakeshore East) 两个公共空间之间建立联系。这幢建筑就好像三根杆件，外部的两根杆件是关键，内部的杆件架空且没有太多结构（图3），公众因此可以在建筑底层直接穿过。你知道有哪些高层建筑可以在不进入室内的情况下从一边走到另一边吗？这幢高层建筑在地面层和 Upper Wacker Drive 沿街都可以实现。Upper Wacker Drive 是现状车行道路系统，它从大厦中穿过，将大厦分为酒店和居住两个部分，同时也将大厦的俯瞰景观分为河景和东湖滨社区两类。

除了您以前的客户麦哲伦开发集团，您正在与中国开发商万达集团合作 Vista 大厦。这与美国开发商合作有什么区别吗？

我非常喜欢万达集团希望在项目中实现的三个要点。他们提出有些可以做调整，但是这三项原则必须坚持。首先，它必须看起来与效果图一样。作为建筑师我也希望最终完成的项目能够与愿景一致。在建筑开发时常常会面对要修改设计的压力，我非常感激万达以设计为导向的原则。第二项规定是它必须包含万达酒店。第三项规定是它必须成为芝加哥第三高的建筑。这些是你能够达到的明确标准。

参考文献

HARDOCK D, ROPPEL P. Thermal Breaks and Energy Performance in High-Rise Concrete Balconies[J]. CTBUH Journal, 2013(4): 32–37.

（翻译：陈海粟）

2017

高层建筑与都市人居国际会议

连接城市：人口、密度和基础设施

CONNECTING THE CITY
PEOPLE · DENSITY · INFRASTRUCTURE

10.30~11.3

澳大利亚·悉尼

期待您的加入

▶ 加入全球高端产学研学术圈的绝佳机会

▶ 近距离倾听业界大牛高谈阔论

▶ 与学术大咖一起坐而论道

▶ 吸收先进思想，助您吐故纳新

▶ 参加实地考察活动，丰富体验，开阔视野

www.ctbuh2017.com

参会注册：ctbuh2017.com/registration ｜ 成为赞助商，回馈学术界，请 email：sponsorship@ctbuh2017.com

Council on Tall Buildings and Urban Habitat

建筑的摆动：从预测到感知

文 / Melissa Burton

随着高层建筑业对建筑高度日益激烈的角逐，建筑的细长比越来越大，结构和风力工程师都需要平衡两大要求：建筑物需要在强风中矗立，同时占地面积尽可能小。我们的问题是："工程师所预测的摆动是如何转化成对高层建筑中居民的影响的？"

作者简介

Melissa Burton 是 Arup 的副总监和风力专家，她是一位在高层建筑居住者舒适度和风力振动研究领域具有领先水平的专家，并且拥有丰富的复杂建筑结构的气候模拟和风力工程学经验。

从结构的角度来看，高层建筑在风中的摆动情况是可以预知的。然而，建筑摆动的问题在于它对建筑物中居住者的影响。高层建筑在风中的摆动包含两个组成部分：一是静态作用或持续作用，居住者对其感觉不明显，但它被包括在建筑物预测漂移范围之内；二是震荡或谐振震动，它源于风力的动态变化，正是这种共振作用可以为居住者所感知，并且过度的共振会造成不适或恐惧感。

大多数情况下，人们可以忍受频率较低或较短时长的不适，而不是经常的不适感。例如，如果大的摆动之间有较长的间隔，人们是可以忍受的。多年以来，居住者舒适度评估关注于 10 年重现期中摆动事件的发生。然而在实践中，大多数问题来自比 10 年重现期感觉更加频繁的建筑摆动上。因此，考虑到较长的间隔不能合理体现由经常性发生的风力带来的可能不适感，近期人们趋向于对 1 年重现期中建筑的摆动进行评估。

在某些情况下，建筑的业主可以接受由少数大风事件引起的建筑物显著的摆动（例如一些开始造成行走困难的摆动）。这些建筑在平时表现良好，并且当强风到来时居住者会被提前告知会有明显的摆动。作为另一种选择，一些塔楼建筑会用整体减震来显著抑制任何重现期中的摆动。

尽管摇摆运动中的动觉感知机制是最常讨论的部分，但引发居住者对建筑物摆动感知的许多更为重要的迹象依然存在，最常见的包括视觉和声学迹象。室内的视觉迹象包括摆动的灯具，活动的百叶窗和窗帘，摇摆的植物，晃动的液体，以及其他悬挂或松散悬垂着的配件和物体的移动。室外的视觉迹象，如摇曳的树木或飘扬的旗帜，有可能引发已经习惯某个建筑的摆动或对其摆动有一定程度预期的居住者的感知。

与视觉迹象一样，塔楼摆动时还存在许多声音迹象的来源，其中某些声音迹象甚至可以提示塔楼摆动的频率信息。最

常见的声音迹象是结构噪声，例如建筑物摆动造成的嘎吱声。已经察觉到的其他的一些迹象还有如百叶由于前后摇摆撞击到窗框的声音，以及风在电梯井中上升的声音。

无论是感觉到摆动、看到摆动的视觉迹象或是听到声音迹象，它们之间的区别根本不重要。最终，重要的不是居住者究竟是不是实际看到了塔楼的摆动，毕竟他们可以听到大楼发出的嘎吱声，关键点在于居住者是否觉察到了这种摆动，以及这种运动是否造成了他们的警觉或不适感。这就是我们为什么要在塔楼的设计阶段就检查其摆动，并且不断地构思新的方式来控制或减轻这些摆动的原因。■

（翻译：王琳静）

CTBUH 在成立 48 年后，迎来了个人向亲友展示其成就的机会。**芝加哥**总部招待了 Lynn S. Beedle（他于 1969 年创立了 CTBUH）的家人。Laura，Max 和 David Beedle 参观了新办公室，评价了近年来大大扩张的职员规模和委员会发表的大量出版物。近期，CTBUH 在位于同一条街道上的芝加哥建筑学会（Chicago Architecture Foundation），与其共同主办了高层建筑的四大公共活动的前两项："**高层建筑：我们可以有多高**"和"**确保高层安全：什么是超高层建筑的最大威胁**"，并由行业中和世界上顶尖的发言者主持活动。两个活动都好评如潮，并造成了很大影响，激发了人们对该活动秋季阶段的期待。

在奥兰多召开的 AIA 2017 年度会议中，CTBUH 带来了芝加哥研究项目中不同

从一架起重机的空中施工吊斗中俯瞰正在建设中的吉达塔，目前已建到 56 层高 © Antony Wood

城市和乡村地区的可持续发展研究，其中 CTBUH 执行理事长 Antony Wood 博士，中国办公室总监兼学术协调人、伊利诺伊理工大学建筑学院访问助理教授杜鹏博士，参加了关于城市和乡村地区可持续发展居住模式的座谈小组。小组合作成员还包括 Skidmore Owings & Merrill 事务所总监 Luke Leung，Adrian Smith +Gordon Gill Architecture 事务所可持续发展和建筑学专家 Natalia Quintanilla。

在**迈阿密**，CTBUH **佛罗里达分会**在迈阿密大学建筑学院举办了高层建筑减震技术讲座。来自 Bouygues Construction，DeSimone Consulting Engineers 和 McNamara Salvia Structural Engineers 的代表发表了内容丰富的有关减震技术的演讲，这是目前 CTBUH 正在进行的一项重要研究项目的主题。

CTBUH 在 2017 年春季的重要事件之一，是为 Antony Wood 举行的纽约晚宴，以庆祝他于 2016 年成为《工程师新闻记录》（ENR）的 Top25 新闻人物，其他出席晚宴的获奖者有：CTBUH 前任主席、Magnusson Klemencic Associates 的 CEO 和总裁 Ron Klemencic，Thornton Tomasetti 创始人 Charles Thornton，以及 CTBUH 前任主席、LERA 的创始人 Leslie E. Robertson。

CTBUH 的领导们在哥斯达黎加**圣何塞**举办的学会半年度委员会会议上度过了

"工作春假"，会议重点关注分会创新的重要性。短暂的旅途中还包括一个媒体专访，庆祝 Torre Paseo Colon 2 成为哥斯达黎加最高建筑的标志牌落成典礼，哥斯达黎加副总统 Ana Helena Chacón Echeverría 出席了这个 CTBUH 哥斯达黎加分会的活动。

在**柏林**，CTBUH **德国分会**与 Arcadis 旗下的设计咨询公司 CallisonRTKL 组织了一场政府代表、开发商、投资者和行业分析师参加的讨论会，讨论柏林未来的开发和高层建筑对于解决居住和工作场所的需要所发挥的作用。大约有 60 位客人出席了会议。

随着即将到来的 2017 年澳大利亚会议准备工作的进行，中东也在推进工作，Antony Wood 来到**迪拜**和**吉达**，开始了为该地区 2018 年有可能举办的会议进行的准备工作。亮点包括考察迪拜自 2008 年 CTBUH 第 8 届国际会议以来飙升式的发展状况，以及乘坐一个空中施工吊斗俯瞰正在建设中的吉达塔。吉达塔是未来全世界最高的建筑，预计于 2020 年竣工，其高度将超过 1 000 m，目前已经建成了 56 层、共 252 m。■

（翻译：王琳静）

www.ctbuh.org
查看更多关于这些活动的信息，请访问 CTBUH 网站活动专区

悉尼超高层建筑峰会

Westin 酒店，悉尼，8 月 18 日

这是 2017CTBUH 悉尼国际会议的"热身"会议，与 Urban Taskforce 共同举办，会议上 Carol Willis 做了主题发言。

www.urbantaskforce.com.au

2017 高层建造会议

萨马拉国立技术大学，9 月 4 日—8 日

CTBUH 媒体部主管 Jason Gabel 和主编 Daniel Safarik 在这一 CTBUH 合作伙伴会议上做了主题发言。

www. scienceevents.net

建造高层：超高层建筑讲座系列

绿色高层：自然化垂直空间

芝加哥建筑学会，9 月 21 日

专家们就通高植物墙面给我们的城市带来的益处和挑战进行探讨。

生活在高层：是什么让高层建筑更加宜居？

芝加哥建筑学会，11 月 18 日

讲座系列之四，强调在都市尺度上如何加强高层建筑和城市之间的共生关系。

www.architecture.org/experience-caf/programsevents/

Connecting the City *People, Density & Infrastructure*

CTBUH 2017 国际会议

悉尼凯悦酒店，10 月 30 日—11 月 3 日

2017 年会议将聚焦"连接城市：人、密度和基础设施"主题，2 天的核心会议议程位于悉尼，并于布里斯班和墨尔本召开其他会议议程。

（翻译：王琳静）

http://events.ctbuh.org
更多详情请查看网站

《扎哈·哈迪德：重新定义建筑与设计的建筑师》

Zaha Hadid: Architects Redefining Architecture and Design
Gina Tsarouhas（ed.）
2017
精装，282 页
出版社：Images Publishing Group
ISBN 978-1864706994

这是扎哈·哈迪德建筑事务所（ZHA）自 2016 年扎哈去世之后的第一本出版物。这本书是对这位史上建筑、设计和都市主义领域最具创造性和前瞻性思考的贡献者的致敬。哈迪德的标志性手法依旧在她所创立的事务所延续着。扎哈·哈迪德是首位同时获得普利兹克建筑奖和 RIBA 皇家金质奖章两项大奖的女性。她的影响力将会通过其建成作品活在世间，并向世人诉说。用她自己的话说："我相信实验应该永无止境。"

扎哈·哈迪德对于建筑设计领域的馈赠可以形容为四种原创和有驱动力的发现："爆炸，书法，扭曲和景观。"这些设计的原则是作品孕育诞生的根源。从城市规划角度讲，扎哈事务所的建筑扮演了一种连接器或是入口一样的角色，它们能够成功地在公共与私人领域之间进行协调。增强视觉穿透性，回应区域文脉，通过空间排布实现清晰的引导，刻意使用自然采光，这些方式创造出的环境丰富了人们的互动与体验。为回应阳光与风的路径，幕墙表皮和结构进行了谨慎的操纵与构成，从而对自然通风和减少太阳得热的问题进行了优化。建筑外墙与内部功能是密不可分的，正是其严格的分析和对于不同系统运动——地质、环境、技术与人类的整合造就了那些动感的形式与空间。

（翻译：胡天宝）

书评人：Rosalind Tsang，Robert A.M. Stern Architects

《钢与石的女性》

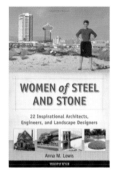

Women of Steel and Stone
Anna M. Lewis
2017
精装，264 页
出版社·芝加哥评论社
ISBN 978-1613745083

《钢与石的女性》记录了不同行业的 22 位先行者，为新一代的设计师树立了榜样。作为对读者有用的资源，它还涵盖了对每一个领域和顶尖学术项目数据的介绍。

这本书有许多个第一：第一位执业的女建筑师 Louise Bethune；AIA 第一位黑人女性成员 Norma Merrick Sklarek；第一位获得建筑界至高荣誉普利兹克奖的女性得主扎哈·哈迪德。这些接二连三的"第一"粉碎了人们对女性能力与才智的偏见。Lewis 在强调这些成就的同时，也摆出了对女性不公的案例：Natalie de Blois, Denise Scott Brown 和 Emily Warren Roebling，他们都不被周围的男性同事承认。

全书不仅以故事激励女生，还向实践中的专业人士——经历过个人悲剧与自我怀疑的女性先锋们表示敬意。她们的事业在向前前进，但有时也不如预期。她们一直加班加点地工作：Hearst Castle 公司的 Julia Morgan 通常会工作到后半夜，靠咖啡和好时巧克力棒支撑；现代摩天楼结构工程师 Aine Brazil 在纽约工作的第一个周末就加班了。如果我们的英雄是凡人，那么仅有少数凡人能够立志成为英雄。

这些女性成为女权运动的一部分，往往作为女权主义者或者是积极分子，一开始只是为了给她们的职业铺路，最终，在这些传统的男性主导的领域，她们不仅仅胜任挑战，而且表现出色，推动了女权运动的进程。

（翻译：胡天宝）

书评人：Yunlu Shen，Skidmore Owings & Merrill

http://journalreviews.ctbuh.org

查阅更多书评，请访问网站

媒体中的 CTBUH

无缆电梯系统 MULTI 的崛起

3 月 15 日，Medium

CTBUH 研究经理 Dario Trabucco 讨论了无缆电梯系统（MULTI）这种电梯技术在未来高层建筑发展上可能产生的影响。

这是关于商业驱动的，Banal Boxes

WEDNESDAY JOURNAL
of Oak Park and River Forest

5 月 17 日，《星期三周刊》

CTBUH 执行理事长 Antony Wood 撰写了一篇专栏文章，讨论了橡树公园中 Albion 大楼的方案，为这一村镇内的高层项目提供了独特的视角。

菲律宾城市规划"过时"

The Manila Times

5 月 12 日，《马尼拉时报》

CTBUH 菲律宾代表 Felino Palafox 在《马尼拉时报》菲律宾模型城市论坛上做了发言。

（翻译：胡天宝）

http://media.ctbuh.org

查看更多有关 CTBUH 在媒体中的报道文章
请访问网站

回复：CTBUH 加入 CIASP

致编辑：2016 年 7 月，美国疾病控制中心（Centers for Disease Control，CDC）发布了因职业导致自杀情况的研究。建筑施工业自杀人数排名第一，自杀率排名第二，大约每 10 万工人中有 53.5 人自杀。建筑师和工程师排名第五，每 10 万人中大约有 32.2 人自杀。综合起来，整个建筑 / 工程 / 建造 (A/E/C) 行业创造了行业自杀的最高纪录——每 10 万人有 85.7 人自杀，换句话说，这比按总人口计算的自杀率要高出 6.7 倍。

2017 年 4 月，我很荣幸向《工程新闻纪录》(ENR) 评出的 25 大新闻人物之———Antony Wood 博士分享了这一情况。我被认定为建筑业防自杀联盟（Construction Industry Alliance for Suicide Prevention，CIASP）的发起人，CTBUH 很亲切地表示同意加入 CIASP。

我想对 CTBUH 表示感谢，并借此机会简短交流我们的使命。CIASP 在澳大利亚和英国都发起了类似的倡议：前者叫做"工程伙伴"（Mates in Construction），后者叫做"精神伙伴"（Mates in Mind）。CIASP 的成立，旨在增强 A/E/C 工作环境下对于心理健康和自杀防范的意识与认同，其目标是减少精神健康的羞耻感，打破沉默与耻辱之墙，从而使处于风险中的员工能得到其需要的帮助。

十分欢迎 CTBUH 的成员访问 CIASP 的主页：www.cfma.org/suicideprevention 下载资源，这里有帮助 A/E/C 的领导与公司用以应对精神健康问题和进行自杀防范的出版物。

再一次感谢你们的支持。

Calvin Beyer，风险管理部主任，
Lakeside Industries Inc., Issaquah, 美国

回复：专家观点：如何应对高层建筑基础工程的新挑战？（*CTBUH Journal* 2017 年第 2 期，即中文版《高层建筑与都市人居环境》第 10 辑）

致编辑：

我们是一家位于芝加哥的深层地基专业承包商，公司在 20 世纪 40 年代成立于旧金山。

关于"最近频上新闻且备受瞩目的高楼沉降问题"，我们愿意基于我们对高楼地基的经验发表评论。特别是，我可以对旧金山的千禧大厦和 Transbay(Salesforce) 大楼的沉降问题做出一些推断。

千禧大厦的地基由于下方垫在"布丁状"、"液态"或是旧填埋的土壤上方而不够稳固，地基会沿着下方的填充面和液化土下陷到更深的砂土中，旧金山类似的建筑中，这样的地基也屡见不鲜。在 Salesforce 大楼建造前，为防止千禧大厦下方的土层朝 Salesforce 大楼方向横向移动，场地间的土地被挖开，安装了一个复杂且十分昂贵的地下加固系统。这个加固系统包括许多条相互连锁的直径大约 2.44 m 的竖井，从千禧大厦的地下层一直下到基岩。从媒体的报道中看，千禧大厦的倾斜朝向哪个方向我无从得知，但不论倾斜是靠近还是背离 Salesforce 大楼，都可以成为差异沉降产生的有意义的提示。

我们很有兴趣对千禧大厦问题在岩土工程和法律层面的进展保持关注。

Bob Schock，主席（退休），
Case 地基公司，芝加哥
（翻译：胡天宝）

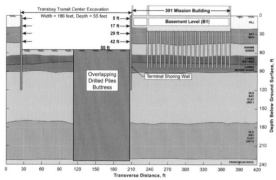

千禧大厦和 Salesforce 大楼之间安装的地下加固系统示意图 ©Arup

journal@ctbuh.org

学会希望收到您对《高层建筑与都市人居环境》和 CTBUH 活动的意见和建议。请将您的评论发送至邮箱

木结构高层建筑：全球综览
（互动网络版）

你喜不喜欢阅读 *CTBUH Journal* 2017 年第 2 期（即中文版《高层建筑与都市人居环境》第 10 辑）中有关木结构高层建筑的数据报告？现在你可以就这个快速发展的现象的实时情况进行互动，这也将成为 2017 年 CTBUH 悉尼国际会议半天的专题研讨会和一些演讲的主题。研讨会将建立木结构建造的认定标准，发展推荐性的术语，将现有的 CTBUH 木结构高层建筑工作组扩大为委员会，并最终衍生出一本技术指南。查看实时更新的木结构高层建筑数据统计，请访问：**ctbuh.org/tbin/timber**；查看全球木结构高层建筑最佳实践专题研讨会的情况，请访问：**http://ctbuh2017.com/workshops/tall-timberworkshop/**。

（翻译：胡天宝）

www.ctbuh.org

了解更多全球高层建筑行业信息
请访问网站

高层建筑与都市人居环境 **11**

CTBUH 摩天大楼中心编辑委员会成员：Terri Meyer Boake

Terri Meyer Boake 是加拿大滑铁卢大学建筑学院的教授，CTBUH 摩天大楼中心编辑委员会、高层组委会和全球领导团队成员。

Terri Meyer Boake

您是怎样加入 CTBUH 的？为什么加入？

我曾花费了大量有意义的时间在 CTBUH 摩天大楼中心数据库中梳理档案，寻找斜肋构架摩天楼的"证据"。由于我倾向于现场考察项目，获得第一手研究资料和照片档案，2012 年我赴上海参加了 CTBUH 国际会议。会上展示的精彩的斜肋构架项目让我受益良多，以此为契机我又去了香港和广州，收集这些项目的资料。我同 CTBUH 的一些员工建立了联系，把我的照片资料提供给了数据库。在随后的 2014 年，我受邀加入了第一届摩天大楼中心编辑委员会（SCEB）。

对于摩天大楼中心的下一步举措您有什么期待？有什么需要改进的？

我觉得数据库是一种非常棒的资源，比"粉丝"或"付费照片素材"网站提供了更广泛、更精准、更有深度的信息。但是我注意到"疏漏"也是存在的——缺少照片这一点尤为突出。从事斜肋工作让我对"混合"结构类型的显著增长产生疑惑，这个笼统的名字如同气球吹得很大，反倒降低了名称的意义。我申请了一项小型资助，让两名学生同我一起在 2015 年夏天研究了数据库中的超过 600 个"混合"项目。我现在正在跟 CTBUH 一道来编纂这个经过更多调整的信息。细节资料越多，这个数据库就能做得越好。

什么是您认为高层建筑行业还没有做好的？

在我的旅行中，我特别重视登上户外观光台。在那种高度置身室外，感受微风拂面，其激动人心是任何封闭的观光台无法比拟的，它们是一种观察记录城市的绝佳方式，也是一种抵达外部公共空间的手段。对于高层建筑设计而言，我觉得对这些空间的设计应该进行综合研究。教育中的"商业化"倾向正在破坏我们原始的经验，并阻塞了思考。那些精选的玻璃中的绿色反光材料让我的 Instagram 照片大大失真！

基于您作为专业人士学到的，您希望把什么样的内容带到您的领域的教学中并进行改进？

总的来说，我觉得建筑和工程教育未能涉及高层建筑设计领域。设计的感知价值和工程层面之间是不同步的——比如外观与结构。建筑学校倾向于避免高度技术化的问题，而超高层就属于非常专业的范畴了。设计教育涉足更高的水准会有助于可持续性的发展。如果现在种子被种下，那么今后通过让学生到可持续设计驱动的高层项目中实践学习，就一定会结出丰硕的果实。

您认为高层建筑领域女性面临的最大挑战是什么？

对自己的要求还不够严苛。我受邀成为高层委员会的成员，我是其中唯一的女性，我也是摩天大楼中心编辑委员会中唯有的两名女性成员中的一名。这主要都归功于我的坚持不懈。我始终认为在这个一直是男性主导的行业内，作为女性，没有什么比对自己要求更严苛这项挑战更难。我为我的成功感到自豪。■

（翻译：胡天宝）

Capol International & Associates Group
CBRE Group, Inc. 世邦魏理仕集团
China State Construction Engineering
Corporation 中国建筑工程总公司
Enclos Corp.
Fender Katsalidis Architects
Fly Service Engineering S.r.l.
Halfen USA
Hill International
Investa Office Management Pty Ltd
Jensen Hughes
JLL
JORDAHL
Jotun Group
Larsen & Toubro, Ltd.
Leslie E. Robertson Associates, RLLP
Magnusson Klemencic Associates, Inc.
MAKE
McNamara · Salvia
Multiplex
Nishkian Menninger Consulting and Structural
Engineers
Outokumpu
PDW Architects
Peckar & Abramson, P.C.
Pei Cobb Freed & Partners
Pelli Clarke Pelli Architects
Permasteelisa Group
Pickard Chilton Architects, Inc.
Plaza Construction
PLP Architecture
PNB Merdeka Ventures SDN Berhad
PT. Gistama Intisemesta
Quadrangle Architects Ltd.
R & F Properties
SAMOO Architects and Engineers
Saudi Binladin Group / ABC Division
Schuco
Severud Associates Consulting Engineers, PC
Shanghai Construction (Group) General Co. Ltd.
上海建工集团
Shum Yip Land Company Limited
Sika Services AG
Studio Gang Architects
Syska Hennessy Group, Inc.
TAV Construction
Tongji Architectural Design (Group) Co., Ltd.
(TJAD) 同济大学建筑设计研究院（集团）有限公司
Ultra-tech Cement Sri Lanka
Vasavi Homes Private Limited
Walter P. Moore and Associates, Inc.
WATG URBAN
Werner Voss + Partner
William Hare
Woods Bagot
Wordsearch 添惠达
Zaha Hadid Limited 扎哈·哈迪德建筑事务所

中级会员
Aedas, Ltd.
Akzo Nobel
Aliaxis
Alimak Hek AB
alinea consulting LLP
Allford Hall Monaghan Morris Ltd.
Altitude Façade Access Consulting
Alvine Engineering
AMSYSCO
Andrew Lee King Fun & Associates Architects
Ltd. 李景勋、雷焕庭建筑师有限公司
Antonio Citterio Patricia Viel
ArcelorMittal
architectsAlliance
Architectural Design & Research Institute of
Tsinghua University 清华大学建筑设计研究院
Architectus
AvLaw Pty Ltd
Barker Mohandas, LLC
Bates Smart
BG&E Pty., Ltd.
bKL Architecture LLC
Bonacci Group
Boundary Layer Wind Tunnel Laboratory
Bouygues Batiment International
Broadway Malyan
Brunkeberg Systems
Cadillac Fairview
Canary Wharf Group, PLC
Canderel Management, Inc.

CB Engineers
CCL
Cerami & Associates, Inc.
China Architecture Design & Research Group
(CADI) 中国建筑设计研究院
China Electronics Engineering Design Institute
(CEEDI) 中国电子工程设计院
China State Construction Overseas Development
Co., Ltd.
CITYGROUP DESIGN CO., LTD
Civil & Structural Engineering Consultants (Pvt)
Ltd.
Code Consultants, Inc.
Conrad Gargett
Cosentini Associates
Cottee Parker Architects
Cotter Consulting Inc.
CoxGomyl
CPP Inc.
CRICURSA (CRISTALES CURVADOS S.A.)
CS Group Construction Specialties Company
CS Structural Engineering, Inc.
Cubic Architects
Daewoo Engineering & Construction
Dar Al-Handasah (Shair & Partners)
Davy Sukamta & Partners Structural Engineers
DB Realty Ltd.
DCA Architects
DCI Engineers
Deerns
DIALOG
Dong Yang Structural Engineers Co., Ltd.
dwp|suters
EFT-CRAFT Company Limited
Elenberg Fraser Pty Ltd
Elevating Studio
EllisDon Corporation
Eversendai Engineering Qatar WLL
FM Global
Foster + Partners
FXFOWLE Architects, LLP
GEI Consultants
GERB Vibration Control Systems (Germany/
USA)
GGLO, LLC
Global Wind Technology Services (GWTS)
Glumac
gmp · Architekten von Gerkan, Marg und Partner
GbR
Goettsch Partners
Gradient Wind Engineering Inc.
Graziani + Corazza Architects Inc.
Green-Towers Sustainable High-rises GmbH
Grocon
Guangzhou Design Institute 广州市设计院
Guangzhou Yuexiu City Construction Jones Lang
La Salle Property Management Co., Ltd. 广州越
秀城建仲量联行物业服务有限公司
Halvorson and Partners
Hariri Pontarini Architects
Harman Group
HASSELL
Hathaway Dinwiddie Construction Company
Heller Manus Architects
Henning Larsen Architects
Hilti AG
Hitachi, Ltd.
HKA Elevator Consulting
Housing and Development Board
Humphreys & Partners Architects, L.P.
Hutchinson Builders
IDOM UK Ltd.
Inhabit Group
Irwinconsult Pty., Ltd.
Israeli Association of Construction and
Infrastructure Engineers
ITT Corporation
JAHN
Jangho Group Co., Ltd.
Jaros, Baum & Bolles
Jiang Architects & Engineers 江欢成建筑设计有限
公司
John Portman & Associates, Inc.
Kajima Design
Kawneer Company
KEO International Consultants
KHP Konig und Heunisch Planungsgesellschaft
Kier Construction Major Projects
Kinemetrics Inc.

LCI Australia Pty Ltd
LeMessurier
Lend Lease
Longman Lindsey
Lusail Real Estate Development Company
M Moser Associates Ltd. 穆氏有限公司
Maeda Corporation
Maurer AG
Mori Building Co., Ltd. 森大厦株式会社
Nabih Youssef & Associates
National Fire Protection Association 美国消防协会
Nikken Sekkei, Ltd.
Norman Disney & Young
NORR Group Consultants International Limited
O' Donnell & Naccarato
OMA
Omnium International
Omrania & Associates
Ornamental Metal Institute of New York 纽约金属
装饰研究所
Pakubuwono Development
Palafox Associates
Pappageorge Haymes Partners
Pavarini McGovern
Pepper Construction
Perkins + Will 帕金斯威尔建筑设计事务所
Plus Architecture
Probuild Construction (Aust) Pty Ltd
Prof. Quick und Kollegen – Ingenieure und
Geologen GmbH
Profica
R.G. Vanderweil Engineers LLP
Radius Developers
Raftery CRE, LLC
Ramboll
RAW Design Inc.
Read Jones Christoffersen Ltd.
Related Midwest
Rhode Partners
Richard Meier & Partners architects LLP
Robert A.M. Stern Architects
Rogers Stirk Harbour + Partners
Ronald Lu & Partners 吕元祥建筑师事务所
Ronesans Holding
Royal HaskoningDHV
Sanni, Ojo & Partners
Savills Property Services (Guangzhou) Co. Ltd.
SECURISTYLE
SETEC TPI
Shenzhen Tongji Architects (TJA)
Shimizu Corporation
Shui On Management Limited
SilverEdge Systems Software, Inc.
Silverstein Properties
SkyriseCities
Spiritos Properties LLC
Stanley D. Lindsey & Associates, Ltd.
Steel Institute of New York
Stein Ltd.
Studco Australia Pty Ltd
Studor Limited
SuperTEC
Surface Design
SVA International Pty Ltd
SWA Group
Taisei Corporation
Takenaka Corporation
Taylor Devices, Inc.
Terracon
TFP Farrells, Ltd.
Trimble Solutions Corporation
Uniestate
University of Illinois at Urbana-Champaign
Vetrocare SRL
Vidaris, Inc.
Waterman AHW (Vic) Pty Ltd
Werner Sobek Group GmbH
wh-p Weischede Beratende Ingenieure
WilkinsonEyre
WME Engineering Consultants
WOHA Architects Pte., Ltd.
WTM Engineers International GmbH
WZMH Architects
Y. A. Yashar Architects

普通会员
还有另外 299 家会员企业是 CTBUH 的普通会员级
别。了解所有会员企业的完整列表，请访问：
http://members.ctbuh.org

2016年度中国摩天大楼总览

《中国最佳高层建筑》

CTBUH官方授权,2016年度中国摩天大楼全解读(中英双语)

　　2015年,中国高层建筑国际交流委员会联合世界高层建筑与都市人居学会启动了首届"中国高层建筑奖"评选活动,旨在推动中国大陆和港澳台地区高层建筑规划设计、建造、运营的技术进步和持续创新,以及促进更多的国际交流与发展。

　　本书通过权威客观的评价,翔实可靠的技术数据、精美的图例,既对首届"中国高层建筑奖"六大奖项(中国最佳高层建筑奖、中国高层建筑成就奖、中国高层建筑城市人居奖、中国高层建筑创新奖、中国高层建筑建造奖、中国高层建筑杰出贡献奖)的获奖建筑作品作了深入分析和解读,同时也全面反映了我国近些年在高层及超高层建筑领域令人振奋的建设成就、发展现状和未来趋势。

　　本书适合从事城市管理、城市研究、城市开发、建筑设计、建筑施工、建筑运营等的管理者、研究者、设计师、工程师等专业人士以及高层建筑爱好者珍藏、阅读。